目次

序　章……心の輪郭

知性や心も進化の産物

チンパンジーのアイが問題を解いているのを見ると、誰もが驚く（図1、2）。問題を作った私たちでさえ感心するので、当然かもしれない。アイは小学生のみならず、大人の研究者にさえもコンプレックスを抱かせるようなパフォーマンスを見せる。そんな様子を見ていると、ヒトの頭のよさはどこからきたのか、ヒトの知性とは、またヒトとはどのような存在なのだろうかと考えてしまう。

ヒトのすばらしい知性は、ヒトという生物種にだけ突然与えられたものではない。身体の器官がそうであるように、ヒトの知性や心も進化の産物である。しかしいったい、ヒトの知性は生命の歴史の中でどのように芽生え、そして特殊化してきたのだろうか。そのことを考えるために、本書は、下等といわれる（単純な）動物の適応的な振る舞いから、チンパンジーやヒトの高次認知機能までを対象として考察している。数億年前の生物が手にした、みずからの経験に基づいて行動を変えるという単純なシステム（学習）を脊椎動物や霊長類、そしてヒトはどのように洗練させてきたのだろうか。

先に結論をいってしまうと、ヒトを含めた多くの動物の「知的」だと考えられる行動は、はじめ

図1……数字を順に選ぶ問題を解くアイ

から複雑な行動が設計されていたわけではない。進化の過程において、多くの動物が共有している単純で普遍的な基本的ルールに、ちょうどトッピングのようにいくつかの別の機能（モジュール）が付け加わって、そのような機能が実現されるようになったのではないかと考えられる。つまり、客の好みに合わせて料理の味が変わるように、それぞれの動物に合わせた「特殊化」が生じた結果として、複雑な行動をする動物やヒトがいるのである。そのように基本的ルールに別の機能が追加されていくことは、本能や反射に根ざした行動から、類人猿やヒトの問題解決などを含む高次思考にまで共通しているように思われる。さらに、ほかの動物と比べたときに、ヒトに特徴的だと考えられる認知機能（つまり、ヒトに生じた特殊化）は、部分的な情報を統合し、意味のあるまとまりにする能力であると筆者は考えている。ちょうど顔文字がそうであるように、左右2つの○とその間に1本の横棒があるだけで、私たちには、ただの丸と棒でなく、「顔」という意味をもったものに見えてしまう（○－○）。これは知覚・認知レベルのことだが、このようなことが意味レベルで機能することで、言葉を理解しているのかもしれない。「あ」という音や文字と「い」だけではそれぞれ意味をもたないが、「あい」と組み合わさることで、とたんに「愛」や「アイ」「合い」など

図2……実験中のアイ

さまざまな意味が立ち現れる。ヒトの言語では、音素（文字）を組み合わせて単語を作り、単語を組み合わせて文を作ることで、個々の単語の集合以上の意味を作り上げる。こういった考えに異論もあるかもしれないが、興味をもって読み進めていただければ幸いである。

ヒトという存在の独自性

チンパンジーやほかの動物を対象とした研究は、心理学や認知科学に重要な知見を与えてくれる。それだけでなく、ヒトという存在の独自性についてもさまざまなことを考えさせてくれる。私たちの心は、どこまでがヒトに独自なもので、どこからがほかの動物と同じなのだろうか。本書では、ザリガニや昆虫、ネズミやチンパンジーから、脳やロボットまで登場する。かつては、ヒトの心の研究は、哲学や心理学の領域だった。しかし、今では神経科学、生物学、物理学や工学の研究者たちが、まじめにヒトの心を理解しようと研究している。これまでは心を取り扱うところでなかった領域から、さまざまな色の研究という光を当てることで、ヒトの心の輪郭がはっきりしてくる。本書では、心理学の領域にとどまることなく、むしろその領域の内外に出入りすることで、可能な限り多面的にヒトの「心の輪郭」を浮かび上がらせようとしている。

図３……心の輪郭の模式図

図3の左側の図は、長谷川眞理子先生（総合研究大学院大学教授）にならって、ヒトの心をアメーバのような形で表してみたものである。この図の突き出たところやへこんだところは、ものの見え方や聞こえ方といった知覚や、思考、情動というように、心にはさまざまな側面があることとそれらのいくつかは突出していることを表している。同じように、ヒト以外の動物も、ものを見るし、音を聞く。また、喜び怒る。ヒトを含めたすべての動物の心が「同じ形」をしているわけではないが、近縁の種では互いに凹凸の様子が似ており、重なる部分が多くなるだろう。しかし、はるか以前に分岐した動物たちの間では、重なるところは少ないはずだ。

たとえば、色の見え方ひとつとっても、ヒトとチンパンジーではほぼ同じように色を見ている。最近の松野響さん（京都大学霊長類研究所大学院生）、松沢哲郎先生（京都大学霊長類研究所教授）との共同研究で、そのことがさらにはっきりした（Matsuno, Kawai, & Matsuzawa, 2004）。しかし、同じ哺乳類でも、イヌは私たちほど鮮明に色を識別していない。また、私たちには、モンシロチョウの雄と雌が同じように白く見えるが、チョウはヒトには見えない紫外線によって羽の色を区別し、自分たちの性別を見分けている。

ヒトとチョウでは目の構造が大きく違うが、ある波長の光を受け取り、その情報にしたがって行動している点では共通している。従来は別々の進化を遂げて、たまたま同じような機能を果たすようになったと考えられていたが、最近の遺伝子研究により、このような共通性は、ヒトとチョウが分岐する以前の共通の祖先がもっていた能力に由来していることがわかってきた。

比較認知科学とは

このように、近縁種や、あるいは、はるか以前に別々の動物に分岐した種間の行動を比較し、その共通性や違いを明らかにしようとする研究領域を「比較認知科学」という。動物を対象として心の働きを調べる研究はパブロフ以来、100年の伝統があるが、比較認知科学という言い方をするようになったのはごく最近のことで、1990年頃からである（松沢, 1990; Roitblat, 1987）。すでに1980年代にはそのような研究がはじめられていたが、当時は「動物認知」と表現されていた。米国での代表的な学習心理学の教科書に『メイザーの学習と行動』というものがある（メイザー, 1999）。1986年に原著第1版が出て以来、数年ごとに改訂されているが、1994年の第3版で「動物認知」となっていた章が、1997年の第4版では「比較認知」とタイトルが変わっている。

「動物認知」から「比較認知」へと表現が変わった背景には何があったのだろうか？　おそらく、ある動物がどのように世界を認識しているのか（たとえば、チンパンジーもヒトと同じような見え方をするのだろうか、など）という比較的素朴な問いから、そもそもその種はどうしてそのような認知をするようになったのか、という進化上の特殊化や相同性に研究者の関心が変わってきたからだと考えられる。つまり、ある動物の心の働きはヒトと同じようになっているのか、ということを調べるだけでなく、その動物やヒトがどのようにして現在のような心の働きをするに至ったのか、という進化的な背景をもった問いへと関心が広がってきたからだと考えられる。

その比較認知科学のおもしろさは、何といっても、「ヒトの心の由来」を研究対象とすることである。心理学や認知科学は、ヒトを対象としてヒトの心の働きを調べる。ヒトの心を調べるには正攻法といってよい研究の進め方だが、これではヒトの心がどのようにできあがったのかがわからない。ほかの動物と比較することによって、はじめてヒトの心の独自性とほかの動物との共通性がわかる。進化の過程をたどり、近縁種からヒトとかけ離れた動物までを比較することで、ヒトの心の来歴について思いを馳せる。どのようにしてヒトの心は生まれたのか、どこまでがヒトのヒトたるゆえんなのか。進化の軸を縦糸に、発達の軸を横糸にして、ヒトの心の輪郭を浮き上がらせる……。比較認知科学は、そのような研究領域なのである。

私自身は、ものの見え方、聞こえ方より、「知性の進化」に関心がある。はたして、物の見え方、聞こえ方だけでなく、知性にもヒトとチョウのような生き物にさえ共通するところがあるのだろうか。誤解を恐れずにいえば、わずかながらも共通するところはある。私は、ヒトの知性の起源は、環境の情報に基づいてみずからの行動パターンを変える「学習」にあると考えている。その学習という情報獲得能力は、わずか302個の神経細胞しかもたないセンチュウ（線虫）にも見られる。これがどのように進化したのか、また学習する上での制約とはどのようなものなのだろうか？　まず、比較的単純な動物が行う「知的な振る舞い」を見て、そもそも生存するためにあまり学習を必要としない動物の行動戦略について考えてみよう。その次に、単純な動物がもつ「学習上の制約」

と、哺乳類の洗練された「学習システム」を紹介する。最後に、ほかの動物と比べて「ヒトのどこがどう賢いのか」について考えたい。

【引用文献】

Matsuno, T., Kawai, N., & Matsuzawa, T.　2004　Color classification by chimpanzees（*Pan troglodytes*）in a matching-to-sample task. *Behavioural Brain Research*, 148, 157–165.

松沢哲郎　1990　チンパンジーから見た世界　東京大学出版会

メイザー　1999　メイザーの学習と行動　日本語版第２版　二瓶社

Roitblat, H.　1987　*Introduction to comparative cognition*. Freeman.

第1章……知性の多様性

進化に関する誤った考え――ヒトが最も知的な存在というわけではない

ヒトが知的な存在であることに疑問はないだろう。私たちは、地球に生命が生まれるはるか以前から存在している太陽系の構造や運行を解き明かし、物理の法則まで見通す、神のような知性をもつ。しかし、ヒトだけが「知的な存在」なのではない。

私たちの知的な活動が、脳によることを疑う人はいない。脳という情報処理に特化した器官が、手や足と同様に進化の産物であることもはっきりしている。したがって、私たちの知的な心の働きも進化の産物である。しかし、よく誤解されることだが、ヒトを頂点とするゴールを目指して知性が進化してきたわけではない。ヒトからすれば、進化がヒトに向かってきたように見えるかもしれない。しかし、実際には、ひび割れた壁に水がしみ込むように、あらゆる隙間を目指して、動物たちは自分たちの周りの環境に適応すべく特殊化してきた（図４）。そのひとつとして、ヒトという生物の特殊化があった。

どの動物もみなそれぞれの環境で生じる問題を、自分たちなりにうまく解決している。その問題解決の方法は、一様ではない。たとえば体温調節のことを考えてみよう。すべての脊椎動物は、何

図４……進化の放散

らかの方法で体温を調節している。そのことは共通しているが、脊椎動物の中でも遅く出現した鳥類と哺乳類は（図44参照）、外界の温度にかかわらず体内の温度を一定に保つための、熱を起こす代謝能力（内温性）を進化させた。しかし、爬虫類が内温性を有していないからといって、鳥類と哺乳類のほうがより優れた適応をしている、というのは正しくない。体温調節の問題は、異なる種では異なる方法（たとえば、爬虫類は日光浴することで体温を上げる）で解決される、ということである。

同じように、ヒトが行う問題解決の方法が最も「優れている」わけではない。動物たちは驚くほど簡単な仕組みで、「知的」に見える振る舞いを示すこともある。そのような動物たちの「多様な知性」のひとつとして、ヒトという動物がたどった問題の解決（情報処理）の特殊化があったというだけである。

知能と知性

インテリジェンスという言葉は、一般に「知能」と訳される。知能という言葉の意味を辞書で引くと、「頭の働き、知恵の程度」と出てくる。心理学では、「知能」を「知能検査で測定されたもの」と定義している。いわゆるＩＱのことを指すが、当然のことながら、ヒト以外の動物たちに標準化された知能検査を行うことはできない。そこで本書では、すでにそうしているように、ヒトを含めた動物の知的な行動を、知能という言葉ではなく「知性」という言葉で表す。

生物学的知性と心理的知性

いずれの生物も、それぞれの生物的地位（ニッチ）に合わせて「知的」であるということの認識は重要である。あとで紹介するように、単純な昆虫の振る舞いでさえ、最先端のロボット工学者の目標となるぐらい十分に知的である。しかし、心理学的な観点からヒトの知性の進化を考えるときに、生物が行う振る舞いを大きく2つに区別しておく必要がある。本書では、それぞれを「生物学的知性」と「心理的知性」と呼ぶことにする（これらの言葉に別の意味をあてる場合もあるが、本書ではこのように用いる）。

あとで述べるが、「生物学的知性」とはもって生まれた適応的な能力で、その種の個体ならすべてが同じように備えているものを指す。それに対して「心理的知性」とは、ある個体が、みずからの経験を通じて獲得した適応的な行動のことを指す。それぞれ同じように知的な行動を生み出すが、そのメカニズムは大きく異なる。

相同と収斂進化

ほかにも生物の行動や形態には、いっけん同じような機能を実現しているかに見える行為が、実は表面的に似ているだけで、メカニズムは異なっていることがある。逆に、表面的には異なっていても、その根本は共通している場合もある。たとえば、ヒトやウマが、爬虫類のワニや両生類のカエルと同じように四肢をもっているのは、いずれも共通の祖先である総鰭目の魚類が側方に出た4本のヒレをもっていたからである。また、前肢を構成するさまざまな骨は、基本的に哺乳類と鳥類では共通している。チャールズ・ダーウィンは、そのことを進化論の論拠とした。このような生物学的起源の関係は相同（ホモロジー）といわれる（図5）。

しかし、独立に進化して同じような機能を果たすようになったものもある。哺乳類のコウモリ、ほとんどの鳥類、絶滅した爬虫類のヨクリュウ（翼竜）は、同じように飛行可能な「翼」をもっている。しかし、これらの「翼」は、指によって支えられる軟部組織が異なるので、別々に進化したものだと考えられている。これは収斂進化（成因的相同のひとつ）と呼ばれる。鳥類では、第1指が自由に動き、第2指、第3指は翼を支えるために融合しているが、第4指と第5指は欠落している。コウモリも第1指が自由に動くが、第2から第5指までは伸展しており、これらが翼を支えている。ヨクリュウでは、第1から第3指は自由に動くが、翼は主に非常に細長い第4指で支えられていた（図6）。

また、先に述べた哺乳類と鳥類の内温性も、共通の

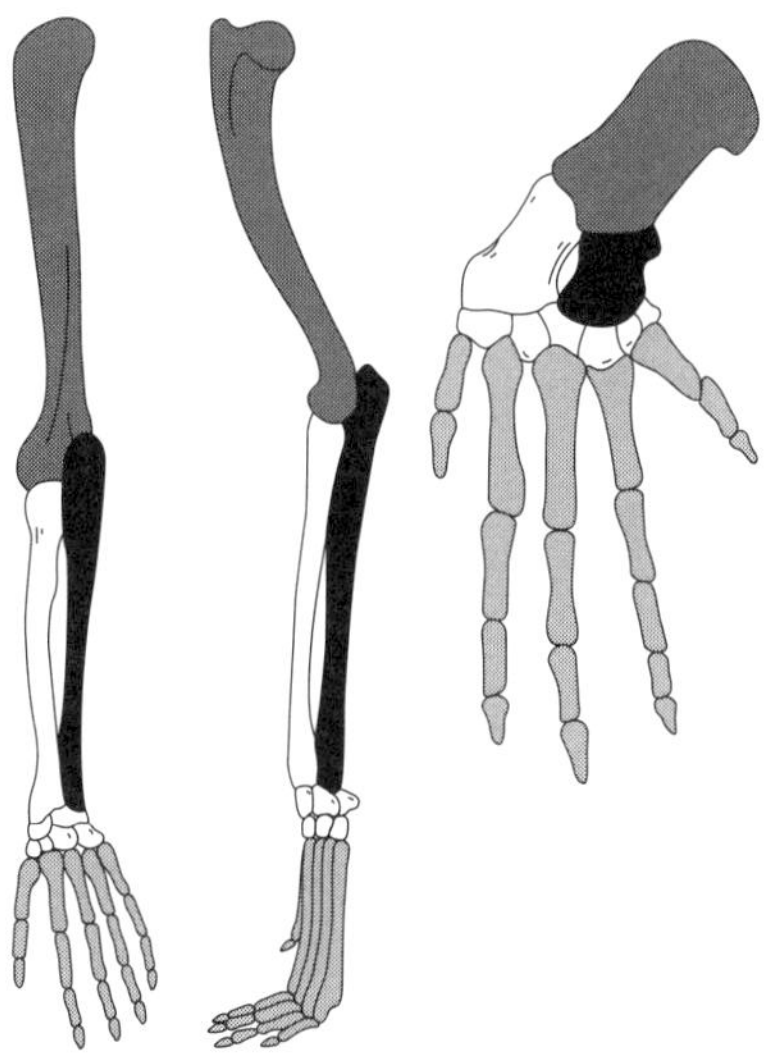

図5……ヒト，イヌ，クジラの手骨

祖先である爬虫類がその機能をもたないので収斂進化の例と考えられている。

これらの相同や収斂進化の例は身体上の形質に限らず、行動や機能にも見られる。昆虫やほかの単純な生物が複雑で系列的な行動（たとえば、ミツバチのコミュニケーション）を示しても、そこにヒトの複雑な行動（たとえば、言語）の起源を求めることはできない。それらはヒトと無関係に進化したものである。

ただ、興味深いことに、「知的」とされる行動は、それが生得的に組み込まれたものであれ、経験に基づいたものであれ、いずれも単純なルールを階層的に積み重ねていった結果として実現されていることで共通しているように見える。

次に生得的な知恵がいかに複雑な行動を連鎖させ、環境で生じる問題を解決しているかを見てみよう。

ハチの「知的な振る舞い」

少し前にチョウの例を挙げたので、今度はハチについて考えてみよう。ミツバチがダンスによって、エサである蜜のありかを仲間に教えることはよく知られている。カール・フォン・フリッシュが１９７３年にノーベル賞を受

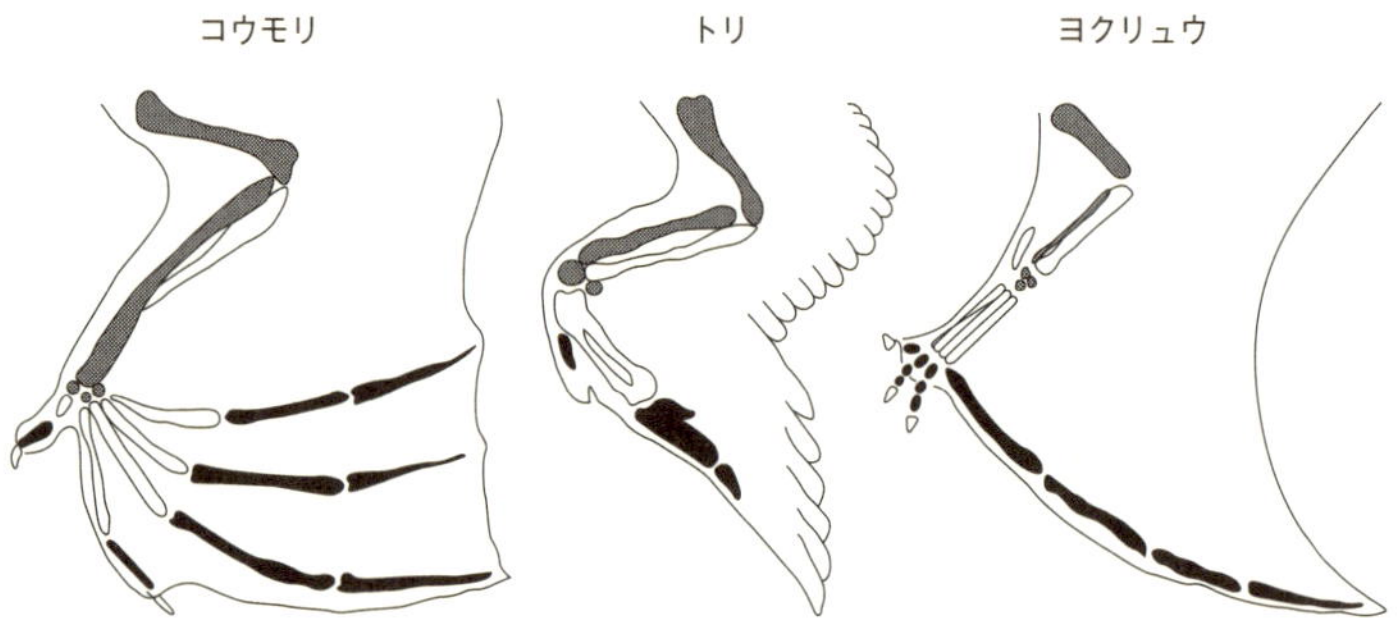

図6……コウモリ，トリ，ヨクリュウの指の骨

賞した研究である。蜜を集めて戻ってきたミツバチは、巣の上で、太陽の方向とエサのある方向の差によって生じる角度を、重力が生じる垂直方向から逸脱した角度として表現し、またダンスの回転の激しさによって蜜のありかまでの距離を示す。このコミュニケーションを原始的な「言語」とみなす研究者さえいる（図7）。

また、ジガバチは、とても長い系列の行動を遂行する。まず、あらかじめ地面に竪穴を掘り、さらに土の塊でふたをしてから、獲物の虫を探しにいく。そして、捕まえた獲物を麻酔によって動けなくした後に竪穴のそばまで移動させる。次にいったん獲物のそばを離れ、穴に入って中の状態を確認してから、再び戻ってきて、獲物を穴の中に引きずり込み、そのそばで産卵し、孵化した子どもがすぐにエサを見つけられるようにしておく。これらの一連の行動は、さも孵化した後の子どものことを考えた上でのことのように思われる。

しかし、いじわるをして、ジガバチが確認のために穴に入った時に獲物の虫を少し遠くに動かしてやると、出てきたジガバチはあったはずの獲物を探しはじめる。ようやく獲物を見つけると、あらためて穴のそばまで運んでから、再び獲物を置いて穴の中を確認しにいく。その間にまた獲物を動かすと、何度でも同じことを繰り返し、何度同じことを経験

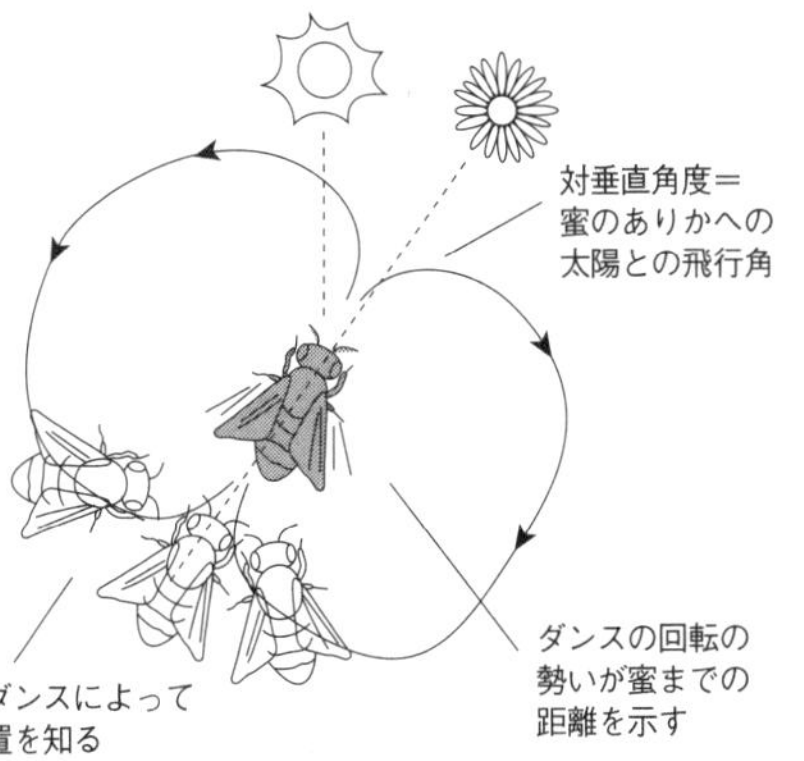

図7……ミツバチのダンス

しても、いつまでも獲物を運び込む前に穴の中を確認する。

また、より洗練された行動を行うミツバチでさえ、そのコミュニケーションのシステムを用いて、それ以外の用途に用いる（たとえば、捕食者の居場所を教える）ことはできない。ジガバチも、今生きているほかの仲間のためにエサを捕ってくることはない。いずれもそれらの複雑な行動を当初の目的以外に使用することはできない。別のいい方をすれば、ミツバチであればどの個体も、教わったり練習しないでダンスによって蜜のある場所を仲間に知らせることができるが、それを経験によって変更することはできない。したがって、そのような行動は遺伝的にプログラムされていると考えられる。

生物学的知性

このように遺伝的にプログラムされている、あるいは生得的にもっている（生まれつき、または成長のある段階になると自然にできるようになる）行動パターンをここでは「生物学的知性」と呼ぶことにする。生物学的知性は可塑性が少ないが、環境が大きく変わらない限り、それはうまく作用する。生物の至上命令は、①その個体が生存すること、②子孫を残すこと、の2つである。寿命の短い生物には、環境や状況の変化に合わせて自分の行動方式を変えている時間はない。ダンスのように、集団全体の子孫を多く残せる決まり切ったやり方を最初から知っているほうが、経験を積んで何にでも使える汎用的なコミュニケーション方法をおぼえるよりも、ミツバチにとっては役立つに違いない（とはいえ、実際にはミツバチは驚くほどの学習能力を示すのだが）。

反射とその組み合わせによる適応的な振る舞い

私たちヒトにも、生得的に組み込まれた行動がある。たとえば、膝の下を小づちでコツンとたたくと、膝がピョコンと跳ね上がる。膝蓋腱反射である。まぶしい時や眼にゴミが入りそうになった時に瞬きをするのは瞬目反射である。そのほかにも、ヒトはさまざまな反射をもっている。だが、反射はヒトの生活を左右するほどの重要な意味はもたない。しかし、単純な生物はこの反射や走性だけで十分適応的に暮らしている。

「熟練した」カマキリの狩り

たとえば、まるで物陰からジッと狙いすまして、一瞬の間合いをはかってエサの昆虫を捕まえているかのように見えるカマキリの捕食行動も、実は反射が組み合わさったものである。熟練の技のように見えるが、カマキリは捕食の練習をすることなく、あのような技が発揮できる。

カマキリは獲物を追いかけ回すタイプではない。ジッと獲物が近くまで来るのを待っている。カマキリの眼は大きいが頭部は小さい。胸部も身体全体のサイズからすれば非常にスリムだ。しかし胴部はふっくらとして柔らかい。ちょうど細い枝に葉がついているような形をしており、草にまぎれて獲物を待ち伏せるのに都合がよい。その小さい頭部と細い胸部の間に、胸部の側から細い突起が何本も出ている（図8）。カマキリの眼は複眼だから、ヒトのように眼球を動かすわけにいかない。特定の速度で移動する物体（通常、これは獲物であることが多い）を視野にとらえると、その動きに合わせて頭部が動く。頭部が横に移動すると、ちょうどヒトが首を傾げた時に耳と肩の距離が近くなるように、頭部と胸部の間隔が狭くなり、頭部が傾いたほうの細い突起に触れる。突起は感覚細胞をもっていて、それに連絡する神経は胸部の神経節に入る（昆虫や他の多くの無脊椎動物の神経系は脊椎動物とは異なり、1本の串にだんごを刺したようになっており、それらの神経節それぞれが比較的独立に働く。図9）。しかし、「獲物を視野に入れている」という情報は頭部の一番大きな神経節（脳）に入り、この時は身体全体に「身体を動かすな」という命令が出ている。カマのついた前脚は胸部第一神経節（胸の脳ともいえる）の命令で動くが、脳の命令のほうが優先されるので前脚を動かすことはできない。しかし、視野の中で獲物の姿が大きくなると（つまり、獲物がある程度の距離まで近づくと）、身体を動かすなという命令が解除され、カマ（第一歩脚）を振り下ろす。この時、左右どちらの脚をどれだけ伸ばすのかは、胸部の先端についた感覚突起の情報、つまり頭の傾き具合と視覚

図8……カマキリの胴体

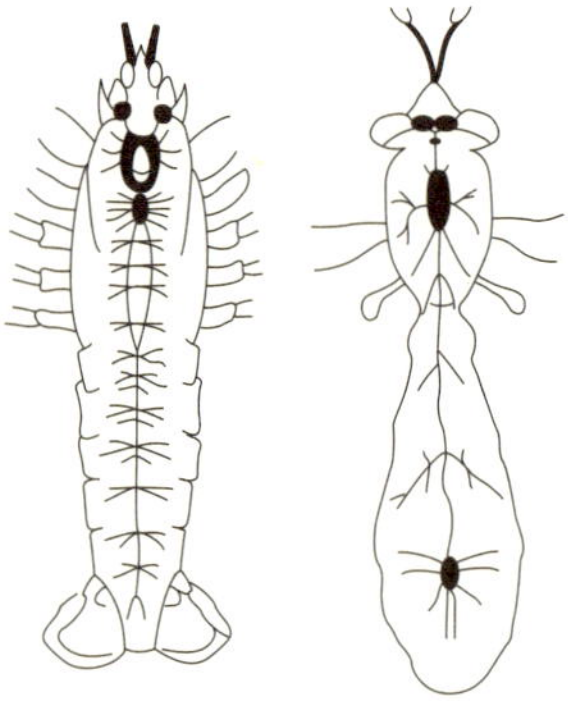

図9……エビや昆虫の神経節

情報を組み合わせて自動的に決定される（図10）。

したがって、カマキリは獲物を捕らえるための練習を一度もする必要がなく、特定の速度で移動してくる物体を視野に入れさえすれば、それが獲物かどうかにかかわらず、カマでうまく捕まえることができる。しかし、捕食行動を引き起こすための刺激はあらかじめ決まっているので、その刺激が少しでもプログラムされたものと異なれば、まったく手が出せない。たとえば、捕食対象となる昆虫が負傷しており、とてもゆっくりカマキリの前を通ったとしよう。この時、遅すぎる移動は捕食の対象とならず、みすみす捕まえやすい獲物をカマキリは無視してしまうことになる。死んだエサしか与えなければ、カマキリが餓死してしまうのはそのためである。

階層的な反射機構

カマキリの個々の反射の仕組みはとても単純にできている。しかし、それらが階層的に積み重ねられると、非常に複雑な行動が実現される。どんどん屋上屋を積み重ねるように、別の機能単位（モジュール）を階層的に積み重ねていくことは、単純な動物だけでなく、ヒトの知性にも非常に重要な役割を担っているようだ。

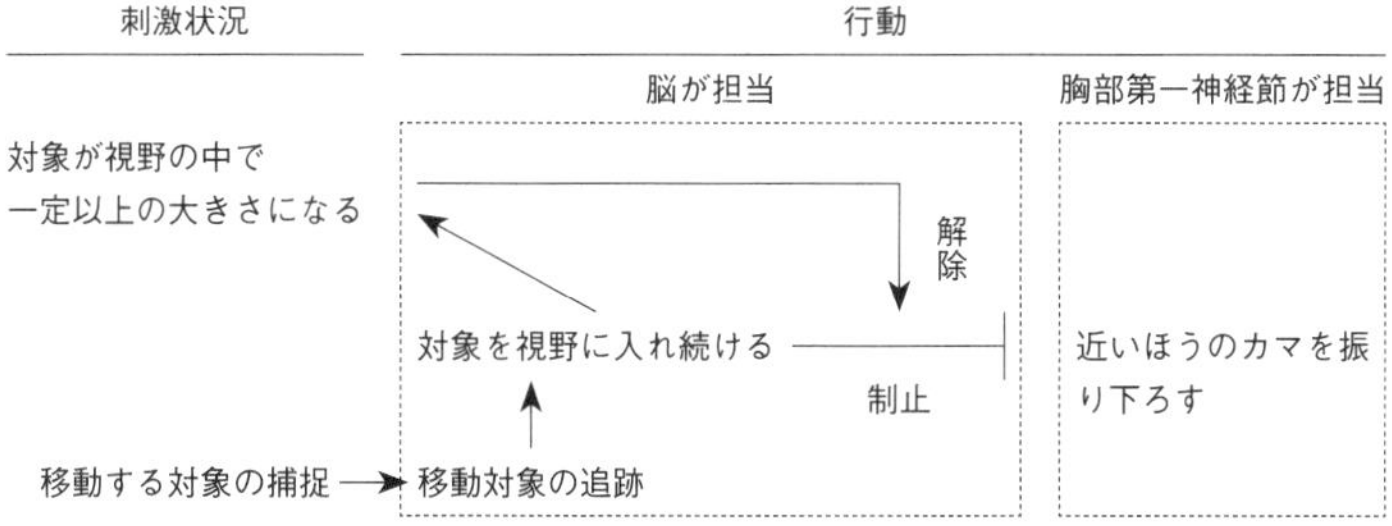

図10……カマキリの狩猟行動の模式図

第4章で、脊椎動物の学習システムにさまざまなモジュールが付け加えられることで、哺乳類の行動が魚類に比べて複雑になっていることを示すが、生得的な機構もそれが階層化されることで、驚くような複雑な行動を成立させている。

ロボットの設計モデルとしての生得的機構

動物のいっけん複雑な行動も、詳細に見ていくと、そのからくりがわかってくることがある。そのようにして、当時行き詰まりつつあった人工知能研究に革新的な設計原理を持ち込んだのが、神経科学者のヴァレンティノ・ブライテンベルクだった。彼は、「極めて単純な脳であっても、外部の観察者からは非常に洗練された振る舞いとして映るような出力が可能である」と主張した。まさにジガバチやカマキリがそうであるように。神経科学者だった彼は、動物の神経系を対象とするより、人工的な脳についての思考実験を通じて考察を進めた。彼の提唱した設計原理に基づく人工物（自律的に動く、単純なロボット）は、「ブライテンベルクビークル」といわれる。その人工物とは、センサやモータを備えて移動する、おもちゃのようなものである。その非常に単純なおもちゃに少しだけ手を加えることで、非常に「知的な振る舞い」が現れる。その様子が単純な動物の行動に対応しているところが興味深い。

まず最も単純なビークル（前進号）から見てみよう（図11）。このビークルは、ある情報を検出

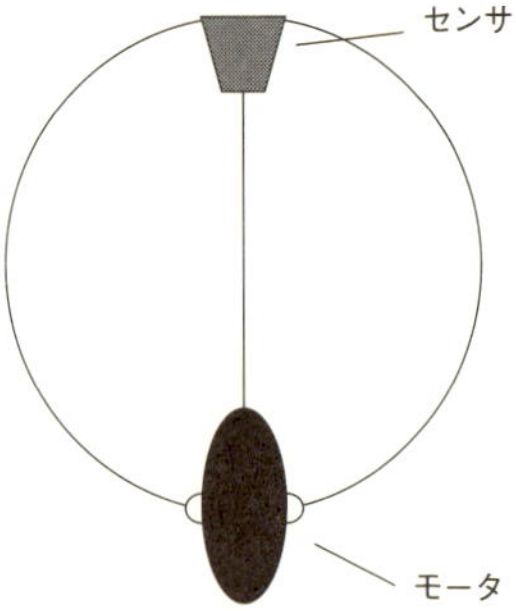

図11……ビークル 前進号

する1つのセンサと1つのモータだけで構成される。センサとモータは、センサが反応するような特性（たとえば、光や熱）が増加するほどモータは早く回転する、というように極めて単純に接続しておく。これで普段はランダムに動くようにしておけば、非常に単純な生物がエサや光や熱源を見つけ、そちらに向かって直線的に移動することを再現できる。

さらに、このビークルの後方に、接近しすぎると離れるように指示する別のセンサ（近接センサ）を取り付けたビークル（前進＋脱出号）を考えてみよう。この2つのセンサはいずれも同じモータに接続されているが、前方のセンサは好ましい情報を、後方のセンサは好ましくない情報を受け取ることになる。これで、前方に好ましいものを見つければそちらに「移動し」、途中で後方から何かが接近すると「前へ逃げる」という振る舞いを再現できる（図12）。これは、次の第2章で見るように、まさに単純な生物が行っていることである。

この単純な仕組みを少しだけ変更したビークル（臆病号と大胆号）を見てみよう。これらはともに光源に反応するセンサを左右に、またそれぞれ左右にモータを備えている。臆病号のように接続すると光源から遠ざかる臆病なビークルが、大胆号のように接続すれば光源に向かっていく積極的なビークルができあがる。これらは、光に対する負と正の走性

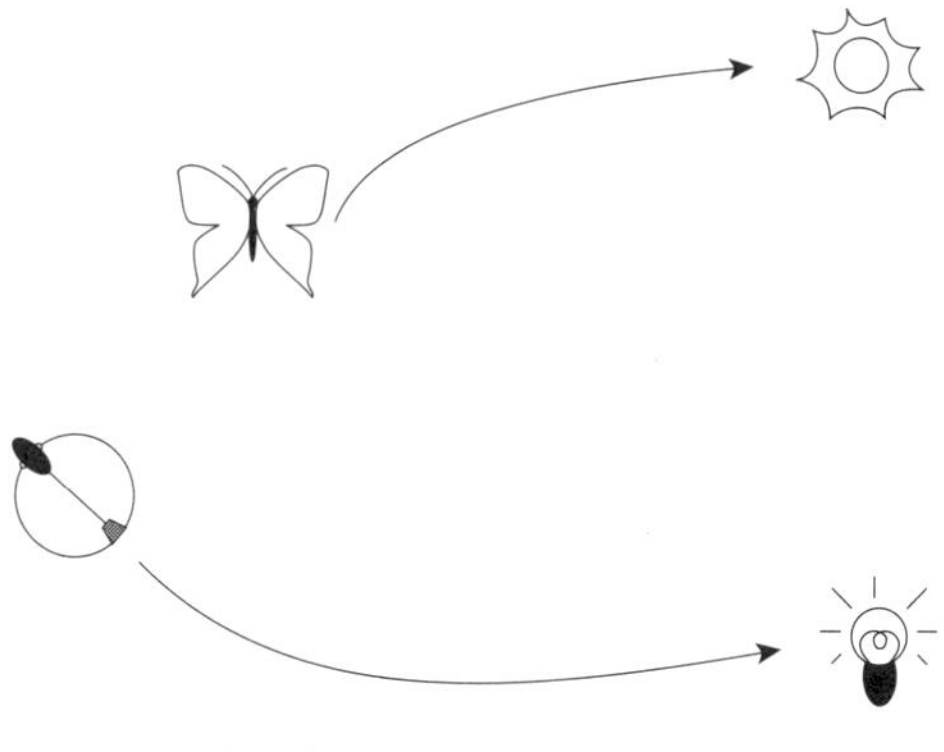

図 12……走性とビークルの対応

を示していることにお気づきだろうか（火に飛び込んでしまう蛾は大胆号とみなすことができる）。

大胆号の前方に2つの近接センサを取り付けたビークル周回号は、光源に近づこうとするが、近づきすぎると近接センサが抑制的に働くので光源からいったん離れ、結局、街灯の周りを飛ぶ蛾のように、障害物を避けつつ、光の周りをぐるぐる回ることになる。このビークルの「脳」は、2つずつのセンサをモータに接続した4つの「ニューロン」だけで構成される極めて単純なものである（図13）。

その単純なビークル臆病号の周りにもう少し近接センサを付けて、それらすべてをモータに接続すると、あらゆる方向の障害物を避ける。その結果、複雑な迷路に入れても、壁にぶつからないで脱出してしまう。このような「知的な振る舞い」をする人工物も、センサとモータのちょっとした接続の違いで実現されているのである（ファイファー・シャイアー，2001）。

【引用文献】

ファイファー・シャイアー　2001　知の創成―身体性認知科学への招待　共立出版

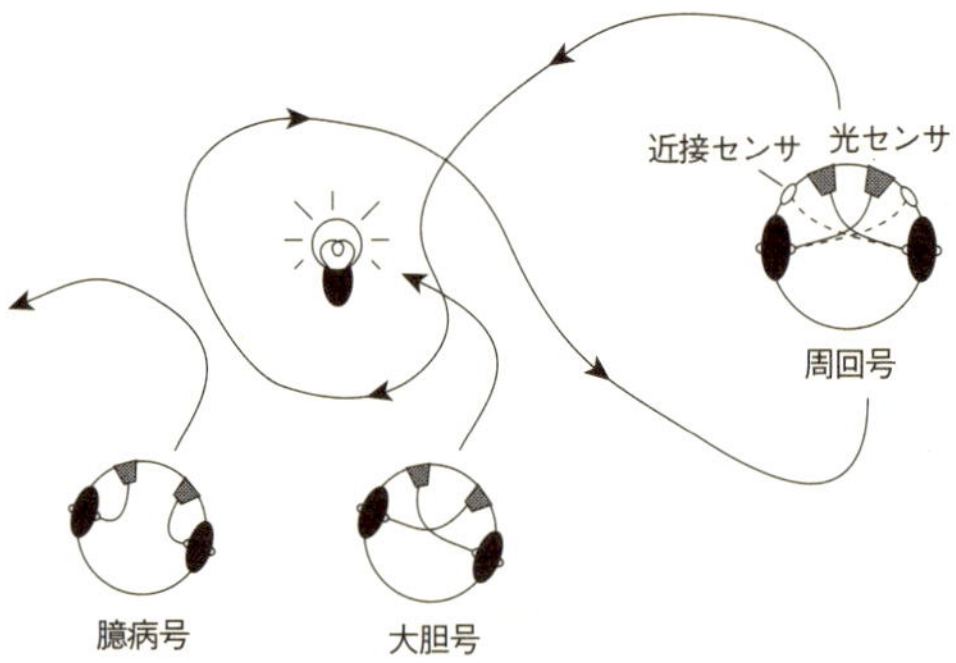

図13……さまざまなビークル

Column❶

動物コワイ……

これまでに行った多くの実験のうち一部しか本書に書くことはできなかったが，思えば多くの種類の動物とかかわってきた。思いつくところで，ザリガニ，ヤドカリ，キンギョ，ミドリガメ，マウス，ラット，ウマ，イルカ，サル，チンパンジー，ヒトが挙げられる。これだけ対象に節操がないと，よほどの動物好きだと勘違いされるが，実はそうではない。たしかに今では動物を好きなほうだが，今までに一度もいわゆるペットを飼ったことがない。そういうとよく驚かれる。子どもの頃の住宅事情や親がペットを嫌がったということもあるが，実は子どもの頃は動物が苦手だった。路上でイヌが近くを通ろうものなら，なるべくこっそりと，しかしすばやく遠くへ逃げた。イヌが怖くなくなったのは高校生の頃で，自分の体力ならイヌと争っても負けないと自信がついてからのことである。

大学生の時に実験実習で初めてネズミを使った際も，シッポがミミズのようで触るのが嫌だった。しかし，動物を対象としてヒトの心を調べる，ということのおもしろさを知ってからは，動物のことをもっと知りたいと思うようになった。今では私の研究室の本棚の多くは動物の本で埋まっている。

子どもの頃は『シートン動物記』や『ファーブル昆虫記』，『ドリトル先生』，戸川幸夫さん，椋鳩十さんの本を読みふけっていたので，もともと動物が好きだったのかもしれない。しかし，毛虫の類はどうしても好きになれず，高校時代に古典の授業で『落窪物語』の虫を愛でる姫の話を読むだけでも気持ちが悪かった。

だから当然高校では，毛虫やチョウがたくさん出てくる教科書を広げるのが嫌で，生物学をとっていないのだ……。

よくぞやってこられたものだと思う。

第2章……生まれもった行動パターンと経験によって行動を調整する能力

刺激と応答を仲介する神経系

いくつかの「入力—出力」の配線がうまくなされるだけで、本来は単純だったはずの動物やロボットが、複雑で知的な行動を示した。次は、その「配線」である神経系とロボットの設計について見てみよう。

知的な振る舞いをするビークルには、外界の情報を受容するセンサとそれに応答するモータ、さらにその接続の3つが重要だった。動物も、センサとモータとその接続部で情報処理を行っていると見なせる。中でも、その接続部である神経系が、外界からの刺激とそれに対する応答を仲介することで、情報を処理している。

神経系の芽生えと進化

私たちの身体の器官は、それぞれの役割に特化している。心臓は血液を循環させるし、肺は血液に酸素を送る。胃は食物を消化・吸収する。では、私たちの中枢神経系やとくに脳は何をするための器官なのだろうか。脳は感覚器（眼や耳など）から刺激を受容し、その情報を処理（判断など）してから、効果器（筋肉など）に応答の指令を送る。すなわち、中枢神経系は「情報処理」専門の器官といえる。その起源は、刺激を受け取り（受容）、それに応えること（応答）であると考えられる。

刺激の受容とその応答の起源は、単細胞生物にまでさかのぼることができる。ゾウリムシを代表とする単細胞生物も、かなり適応的な行動をする。たとえば、好ましい環境であれば、その付近にとどまり、わずかに動き回るだけだが、生存に不利な化学環境からはすぐに脱出する。ゾウリムシは繊毛運動によって移動するが、壁にぶつかった時には、身体前方の細胞膜上にある刺激受容体分子が刺激されることで、繊毛運動を逆転させ、結果として後進する。逆に後部の受容体が刺激されると、全身運動を加速させて前方へ「逃げる」。神経細胞さえもたないゾウリムシも、そして単純なセンサとモータしかもたないビークル（前進＋脱出号）も、ともに適応的な振る舞いを見せる。このような単純なシステムで、それらの単細胞生物はおよそ30億年も存在し続けてきたのである（図14）。

多細胞生物では、ビークルのセンサ、モータ、接合部と同じように、感覚を受容するための受容器と、筋肉などの効果器、そしてそれらの情報を伝達するための神経細胞の3種類に分かれている。腔腸動物のヒドラは、そのように3つの細胞層に分かれており、受容器が刺激を受けると、神経細胞がその近くの筋を収縮させる。このような仕組みが神経細胞の

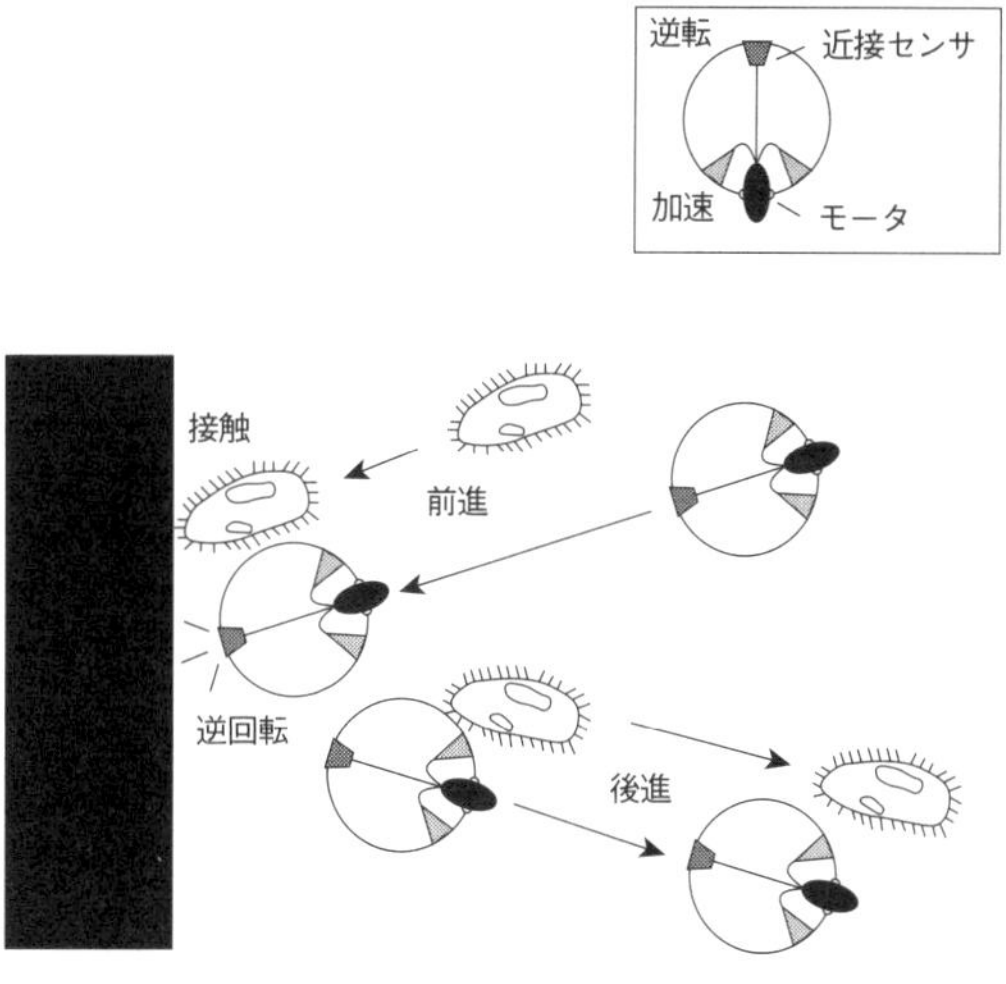

図 14……ゾウリムシとビークル

起源だと考えられる（平野，2001）。

　神経細胞をもつ生物としては、ヒドラやクラゲのように神経細胞が放射状に散らばったものが最も単純で、中枢神経系と末梢神経系の区別がない（図15）。神経系を備えてはいるが、今のところこれらの生物が学習や記憶をするとの証拠はない（ノペヒー二，2005）。学習や記憶が可能な生物は、左右対称の神経細胞をもつ左右相称動物が出現し、さらに神経系が前方に集中するようになった後だと考えられる。

　ビークルの設計には、配線のパターン（神経回路）だけでなく、移動するビークルのどこに、どのようなセンサが配置されているかが重要だった。同じように、明確な進行方向をもった生物にはセンサである感覚器の位置が重要な意味をもつ。生物が移動する時には、一般的に新たな刺激を前部で受容することが多いので、受容器が前部に集中するようになった（平野，2001）。

　受容器が集中する頭部には、感覚情報を処理するための神経細胞が集中したので、結果的にこれが中枢神経として発展した。中枢神経系（脊髄も含まれる）の中で、最も神経細胞が集中したところが脳と呼ばれる。昆虫では、身体の中心の正中線に沿って大きな神経細胞が集まっている。昆虫には、いくつかの大きな神経細胞の塊である「節」が見られるが、それらの「節」の中でも一番前にある最も大きい節が「脳」と呼ばれる（図9参照）。虫にも脳があると聞いて驚く人は多いが、

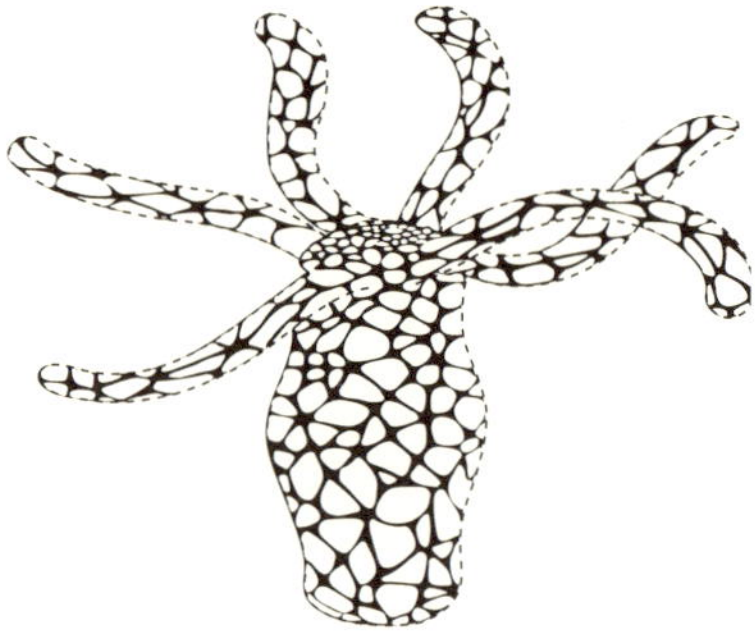

図15……ヒドラの神経節

昆虫の神経系を研究している学者は昆虫の脳を「マイクロブレイン」と呼んでいる。実際、マイクロブレインは脊椎動物の脳に劣らず非常に複雑なことをやってのける。それでも脊椎動物の脳は、他の生物に比べて圧倒的に大きい。脊椎動物の脳容量の進化と高度に柔軟な行動との関係については、第5章で詳しく考察する。

心理的知性の起源――学習

生まれながらにして備わった生得的機構だけで、非常に洗練された知的な振る舞いを実現できることを見てきた。このようなシステムは、環境が安定している限りうまく作用する。

このようなうまくできたシステムに加えて、みずからの経験に基づいて行動を変えられるシステムが備わればどうだろうか。そのシステムを採用した生物は、時々刻々と変化する環境に対処できるので、結果として、生存して子孫を残せる確率がさらに高くなるに違いない。実際、そのシステムは非常に適応価値が高いので、進化の過程によく見られるように、多くの動物に取り込まれた。

これまでに見てきた生得的な知性に対して、みずからの経験に基づいて行動を変化させる能力を「心理的知性」と位置づけることができる。代表的なものが「学習」である。

ここでいう学習とは、いわゆる学校での勉学のことを意味するのではない。動物がみずからの経験によって行動を変えていくことを指す。代表例として、「パブロフのイヌ」がある。ベルの音(実際はメトロノーム)の後に食物が与えられるという経験を繰り返したイヌは、やがて食物とは無関係だったベルの音を聞いただけで、よだれを垂らすようになった。

ここで図16を見てほしい。梅干しの写真を見ただけで唾液が出てこないだろうか？ 今から50年以上も前に、関西学院大学の古武彌正先生（古武，1944）は、手の平だけの時と、その上に梅干しをのせた時にどのくらい唾液が出るか測定した。その結果、手の平を見ていても唾液は出ないが、実際の梅干しを見ただけで相当量（口に入れた時の約半分）の唾液が出ることを確認した。ただし、この現象は、梅干しを食べたことのない外国人には見られない。つまり梅干しを食べるという経験が必要なのである。

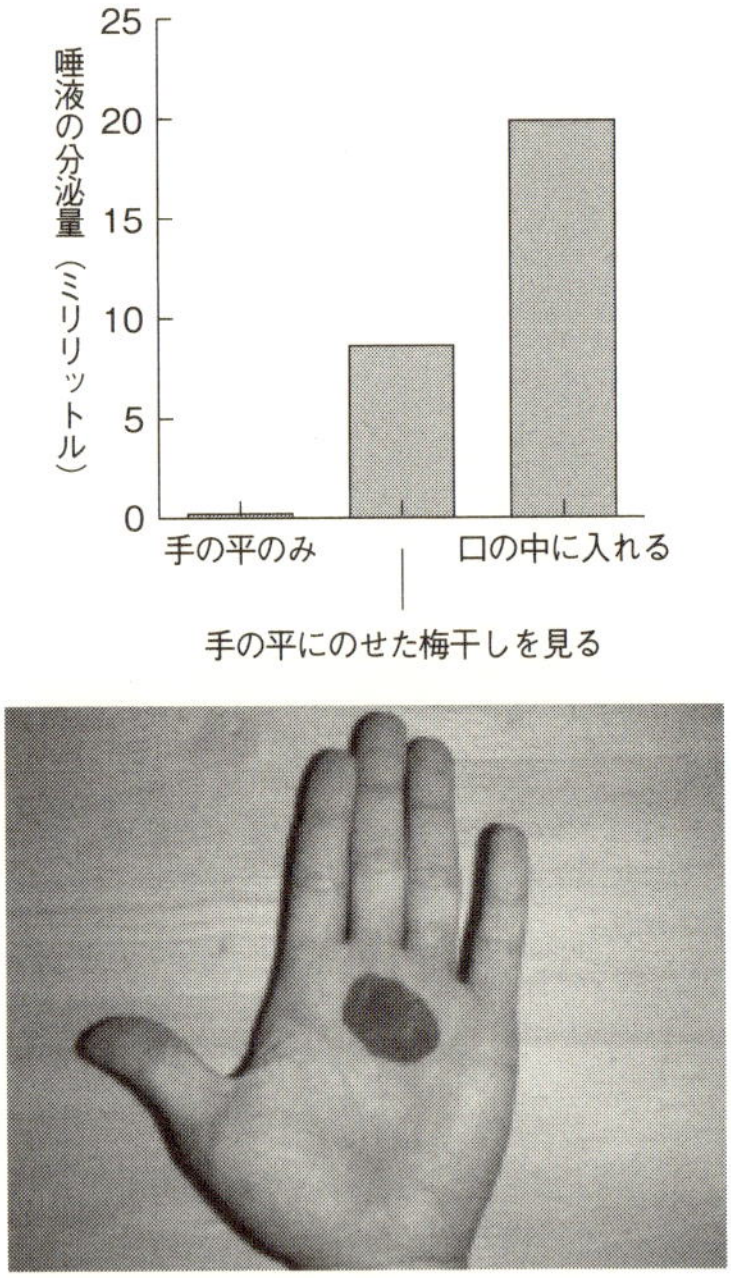

図16……梅干しの写真：唾液の分泌量

学習（条件づけ）は意識に上らないイメージを生み出す

非常に単純なことと思うかもしれないが、ノーベル賞を受賞したイワン・パブロフは、この「条件反射」が人間のあらゆる行動や精神活動にかかわっていると考えた。それは、ある生物にとってまったく意味のなかった刺激（ベルの音：本当はメトロノームの音）が、ある経験をしたことによって、とても重要な出来事になったからだ。

条件づけ（連合学習）と呼ばれるこの現象は、唾液を出させるだけではない。ヒトや動物の情動などにも強く作用する。そしてこれは、ほんの数回の経験でしっかりと形成できる。私が大学の講義で条件づけの話をする時には、学生に対して、その場で実際に条件づけを行ってみせている。

手順は次の通りである。まず学生の前で私が左手を挙げる。この動作は学生に何の影響も与えないことを確認する（手を挙げるのは一般的に学生のほうで、教員は手を挙げないものだが）。続いて、また左手を挙げてから、爪を立てて黒板をキーッと引っかく（図17）。どうしてかわからないが、ほとんどの人はガラスや黒板を爪で引っかいた音をたまらなく嫌う。学生たちは、たいてい耳をふさぐ。これをほんの2、3度繰り返すだけで、それまでボーッとしていた学生たちは、真剣な表情で前を見る。そして、30分たったあとでも私が左手を挙げれば学生たちは耳をふさぐ。本来意味のなかった私の左手の動きが、彼らの行動や情動に影響を与えたのだ。こうなってしまえば、実際に音を立てなくても、左手を挙げるだけで彼らは「やめてくれ」という。左手が挙がったのを見るだけで彼らは

図 17……黒板の前で条件づけを行っているところ（寺井仁 撮影）

不快になるらしい。私の手の動きを見ても、「手が挙がったので、次には黒板を引っかく音がする」という明示的な意識は発生しない。その代わりに、手の動きは、黒板を引っかく音の「イメージをわき上がらせる」。そのイメージとは、通常私たちが考えるイメージとは違って、意識に上らない。意識には上らないが、結果的に私たちの行動や情動にも強く影響する。これが手の動きである必要はない。「さん、にぃ、いち」と声に出しても結果に変わりはない。学生を静かにさせたい時には有効な方法である。

学習の適応的意義——ここにないもののイメージを作り出す能力

条件づけは、単に唾液や情動を喚起するだけではない。その本来の意味は、何が起こるかわからない環境で暮らす生物に、「次に何が生じるか」という情報を与えることである。たとえば、一般に自然界では獲物を狙っている動物がいきなり獲物の目の前に現れることはない（図18）。捕食者が獲物に近づくまでには、木々や枯れ葉を踏む音などがするだろう。また、においや影に気づくかもしれない。捕食者が襲撃してくることと、そのような気配との関連に気づけば、獲物にされそうな動物は、それらの情報に基づいて適切に対処できる（逃げたり、隠れる）。そのような前兆となる刺激によって、「今はまだそこにはないもの」のイメージ（この場合、捕食者）をもつことで、生存できる確率は高くなる。学習とは、さまざまな手がかりに対して重要な出来事のイメージを結びつけていくことなのである。

単純な生物が行う情報処理は、あらかじめ遺伝的にプログラムされた刺激情報しか扱わない。それが、学習という情報の獲得過程によって、重要な出来事のイメージが、他の多くの刺激に波及する。みずからの経験を通じて、生存に重要な事象を他の刺激に関連づけていくことで、生物は単なる親のコピーから、個体ごとに異なる知識をもった存在へと変容するのである。生得的機構に由来する「知識」はそれ以上増やすことはできないが、「学習」は知識を無限に増やすことができる。ヒトの生後の経験が重視されるのはこのためである。そのような「情報の獲得」は、本来は意味をもたなかった出来事に、重要な出来事のイメージを「関係づける」ことによって達成されている。

生得的な行動と学習

では、学習の能力を備えた生物は、ヒトと同じように、どのような知識であっても獲得する

図18……捕食者の襲撃

ことができるのだろうか。

すでに述べたように、単純な生物は、反射を組み合わせることで、洗練された行動を遂行していた。そのような生物にとっては、生得的機構だけで十分に生存が可能であり、学習に依存する比率は少ない。むしろ、もって生まれた生物学的知性にとって、学習によって新たな知識を獲得することは邪魔になるかもしれない。つまり、精巧に作り込まれた生得的機構を、みずからの経験によって変化させると不都合が生じる可能性もある。自動運転で走る電車をなまじ操縦すると、とんでもないことになる。別のいい方をすれば、「あらかじめ作り込まれた」行動は、「学習」によって変えることはできないのかもしれない。そのことを調べるために、無脊椎動物の甲殻類の生物であるザリガニを対象に条件づけの研究を行った。

ザリガニは学習するか

アメリカザリガニを研究の対象に選んだのは（図19）、あとで述べるように、反応指標のひとつである後退反射の神経機構が詳細に調べられていたからである。また、日本中に広く生息しており、

図19……バケツのザリガニ

飼育・繁殖が容易で、季節によって行動が変化しにくいという利点もあった。さらに、価格が安く（1匹が100～300円）、誰でも一度は見たことがあり、多くの人がその姿や行動のイメージをつかみやすいということもあった。ザリガニは子どもにとても人気があるので、資料や関連書籍なども手に入れやすい。しかし、何といっても、子どもの時に飼育していた影響が大きいだろう。最初は1人ではじめたが、やがて関西学院大学の河野玲子さんと杉本早苗さんに協力してもらった。はたしてザリガニは学習するのだろうか？　昆虫で条件づけが成立するので、同じような神経節をもっているザリガニも可能だと考えた。しかし、どのような状況で学習が成立するかわからなかった。

条件づけを行う時には、生物にとって本来は意味をもたなかった刺激を、その生物の生存に重要な刺激の信号となるように組み合わせて与える。生存に重要な刺激には、生物にとって好ましいもの（たいていは食物）と、好ましくないもの（電気ショックなど）の2通りがある。ここではザリガニにとって好ましくないほうを用いた。食物による条件づけを行うためには、ザリガニをある程度空腹にしなければならない。しかしそうすると空腹になったザリガニが共食いをはじめた。あとで見ると、ザリガニの共食いは、飼育書にも注意事項として載っていた。他の実験動物のように詳細なデータも経験もないので、1匹ずつ飼育してもどの程度空腹にすればうまく学習させられるのかがわからなかった。

それに対して、電気ショックを与えた時には、身体を震わせて確かに電気ショックを嫌がっているのが見てとれた。そこで、少々気の毒ではあったが、嫌悪刺激として電気ショックを用いた。電気ショックといっても、たかだか単三電池を直列に3本つないだ強さでしかない。ヒトではまったく何も感じない強さだ。それでも水中にいるザリガニにとっては嫌なようで、ショックを受けるたびに跳び上がった。

何度もショックを与えると、ザリガニの身体内に電気がたまることがわかった。そして身体がこわばり、まったく動けなくなった。身体そのものが電池のようになってしまったのである。そこで、実験室の外の地中に深い穴を掘って、砕いた木炭をまき、電線を巻いた鉄棒を埋めて自家製のアースを作った。ザリガニをアースに触れさせると、身体中にたまった電気が開放されて、突然動き回るようになった（図20）。

図20……ザリガニ

ザリガニの学習

最初にさまざまな予備実験を行い、最終的には図21の上にあるような装置を作製した。この装置はシャッターによって2つの区画に仕切られていた。その外側には光を点灯する小部屋を設置した。

実験は次のように行った。まず、水を張った装置にザリガニを入れる。しばらくすると、ザリガニがいるほうの区画で光が点灯し、明るくなる。これが警告信号だった。その時、2つの区画を仕切っていたシャッターが上がり、別の区画に逃げられるようになる。10秒以内にザリガニが隣の区画へ移動すればショックは与えられない。しかし、10秒以上たっても最初の区画に居残り続けるなら、微弱なパルス状の電気ショックが与えられた。その電気ショックはザリガニが隣の部屋へ移動するか、一定時間経過するまで与え続けられた。パルス・ショックにしたのは、通電し続けるとザリガニの身体が硬直して動かなくなるからだ。隣の区画へ移動すればショックは停止し、光も消えた（図22）。

この実験設定は、野生のザリガニにとって実際に起こり

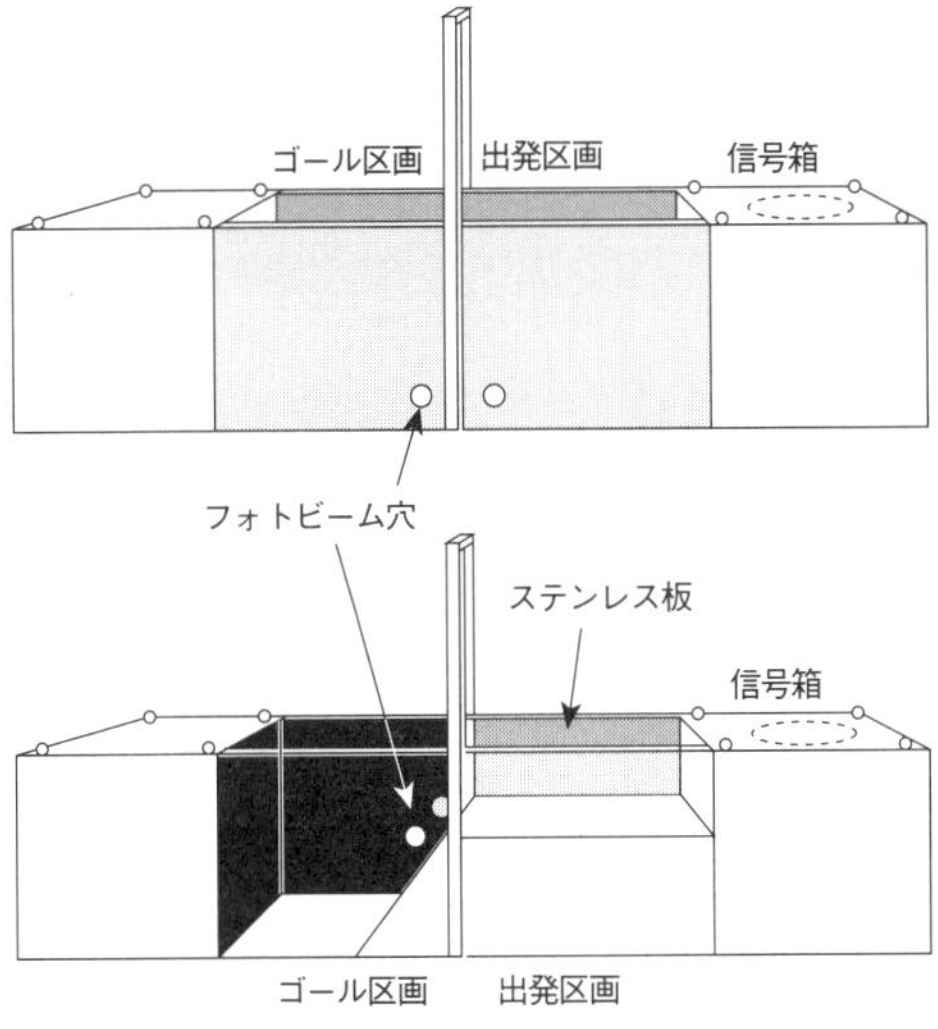

図 21……ザリガニ用の実験装置

そうなことをシミュレートしている。ショックは捕食者からの攻撃であり、光はその前兆となる信号である。したがって、危険とその前兆となる信号（捕食者の影など）の関係を学習できれば、ショックを受けずに危険を回避できる。

一般的に、ネズミがこのような状況に置かれれば、1日か2日もあれば完全に学習してしまう。キンギョでもだいたい1週間もあれば、光がついた瞬間にあわてて隣の部屋へ移動するようになる。そして、その後ほとんどショックを受けることなく、その行動が維持される。この実験で必要なのは、「ショックと光の関係」を学習し、光がショックの到来に関する危険信号であることを理解することである。

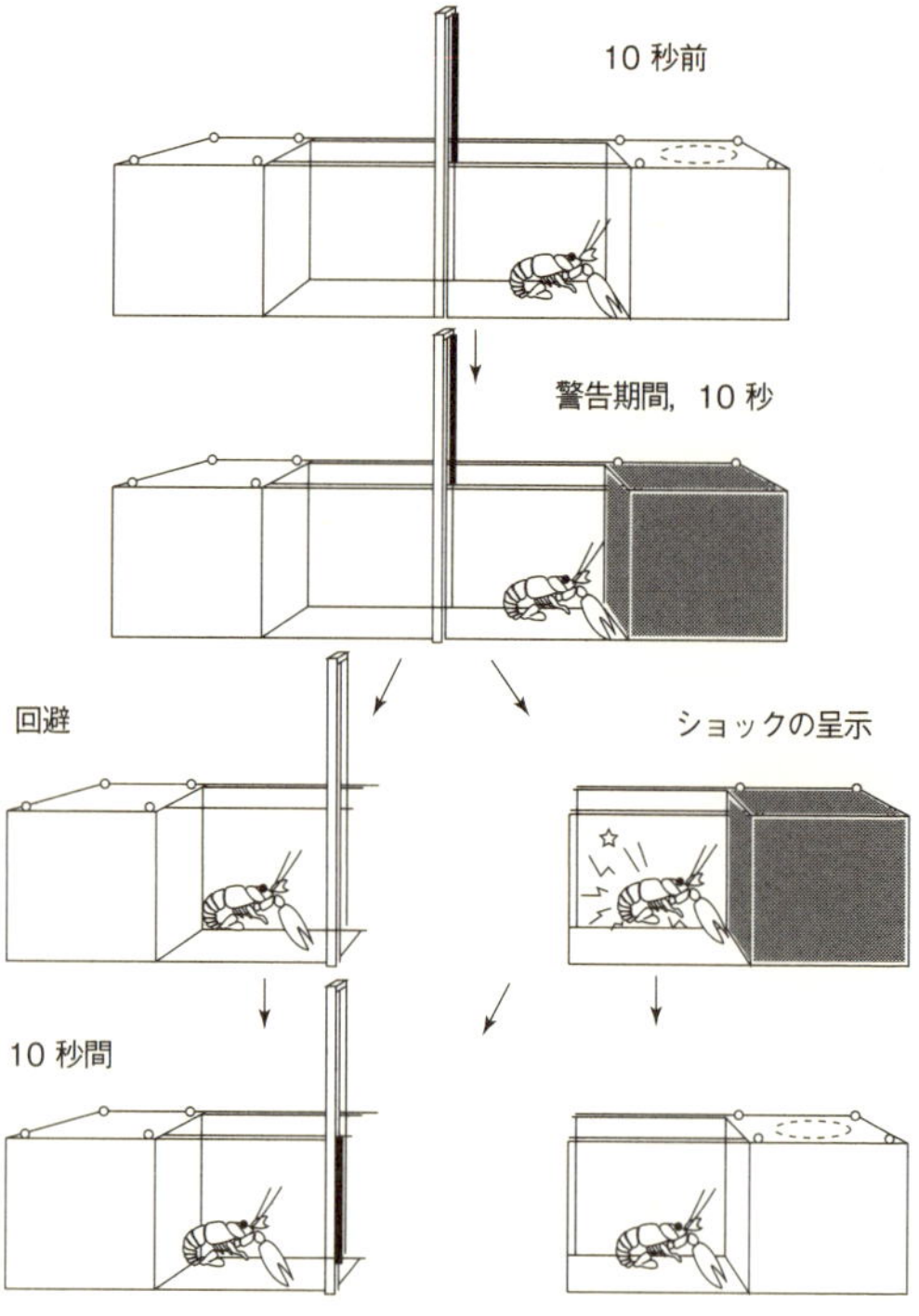

図 22……ザリガニに学習をさせる実験手続き

後ろへ逃げる！――ザリガニの後退反射

ところでザリガニの逃げる姿を思い出してほしい。ザリガニを捕まえようとすれば、大きな尾を使って、後ろ向きに飛びのいて後退していくのを思い出すのではないだろうか。これはザリガニのもつ反射のひとつで、尾部に強い刺激を受けた時や、あるいは物体が突然現れた時に必ず観察される。実際、ためしに水中でショックを与えてみると、ザリガニは勢いよく後方へ飛びのいた。

そこで実験では、ザリガニが後ろへ飛び跳ねやすいように、逃げていく場所に対して後ろ向きに置いた。それとは別に、普通の動物のように、逃げていく区画に対して頭を前向きに置くグループも設けて、それぞれ比較した。後方へ移動することがショックに対する反射（生得的機構）なので、この反射をうまく使えればそのグループのほうが早く学習するだろうと考えた。それとは逆に、前向きに歩くグループでは、その反射によって移動する方向と逆になるので、学習が遅いと考えた。しかし、得られた結果は、当初の予測とは正反対だった（Kawai, Kono, & Sugimoto, 2004）。

ザリガニの学習における制約

図23の縦軸は、両グループのザリガニが光信号を見て隣室に移動した割合を示している。図の上にいくほど、その頻度が高い（学習している）ことを示している。

前向きグループのザリガニは、光に対する反応率が次第に高くなっている。つまり、何度も経験することによって、ザリガニが光とショックの関係を学習したことを示している。しかし、この実験で興味深いのは、そのことではない。むしろ、後ろ向きグループで学習の兆しが見られなかった（ショックが与えられてからしか逃げ出さなかった）ことである。両グループの行動は次のようなものだった。

後ろ向きグループのザリガニは、ショックがきた瞬間に後退反射が誘発されるので、最初の1発目のパルス・ショックで逃げるべき区画へ飛びのいた。反応するまでの時間を見ても、ショックの呈示から隣室へ逃げ込むまでにほんの一瞬しか要していない。図24にあるように、ショックが与えられてからは、後ろ向きグループは最初からほぼ百パーセント隣室へ逃げ込むことに成功している。

それに対して、前向きグループのザリガニは、ショックによって後退反射が誘発されるので、逃げ込む場所とは正反対のほうに何度も行ってしまった。しかし、後ろに行ってもそれ以上逃げる場所がないので、何日かすると、ようやく前進して隣の区画へ逃げ込めるようになった。そのようなことを繰り返した結果、光の信号がつけば前進して隣室へ回避するようになった。

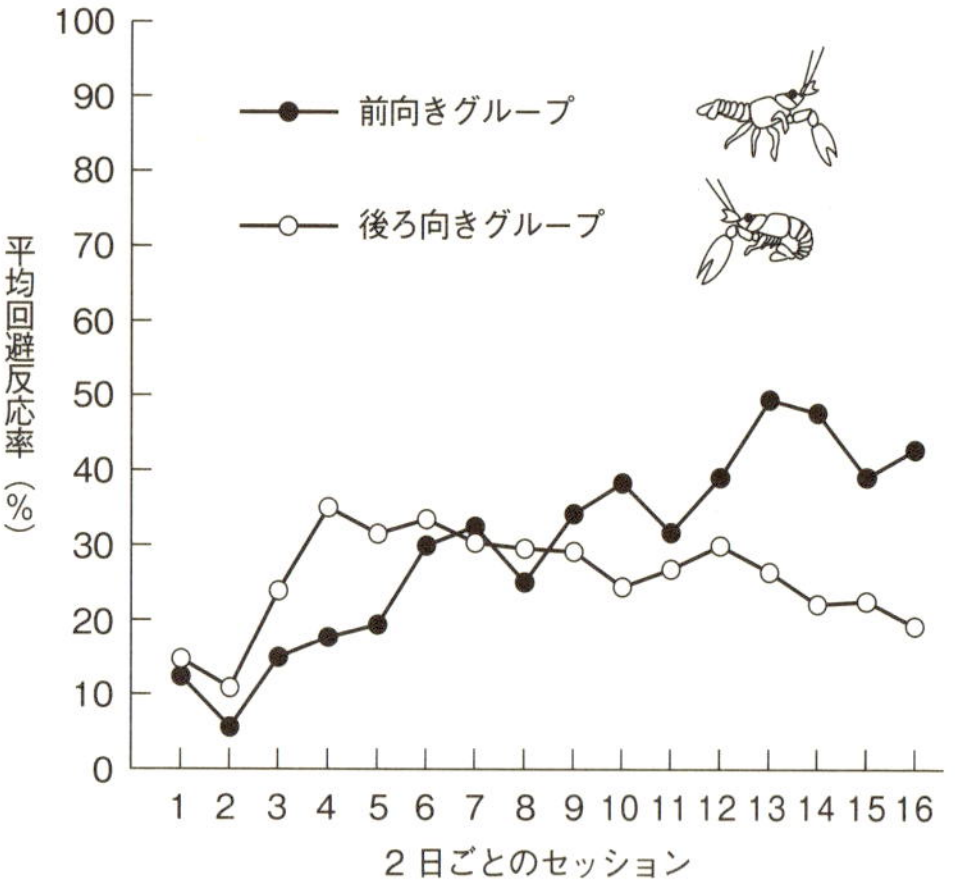

図23……ザリガニが警告信号によって回避した割合の変化

より自然な状況での学習

ではなぜ後ろ向きグループのザリガニは「学習しなかった」のだろうか。後ろ向きグループでは、ショックを受けるたびに後退反射が生じて、すぐに隣の部屋へ逃げ込めたので、光とショックの関係を学習する必要がなかった、つまり失敗の経験がなかったから学習しなかったのかもしれない。あるいは、前向きグループのザリガニほどの量のショックを受けていないことが問題だったのかもしれない。

そこで、別の実験では2つの区画の間にハードルを取り付けて、後ろ向きグループのザリガニも1回の後退反射では隣へ逃げ込めないようにした。今度は後ろ向きグループも何度もショックを受け、尾を積極的に振って逃避したが、結果は同じだった。ショックの量や努力の違いでもなかった。後ろ向きグループのザリガニは、いつまでたっても、ショックが与えられてからしか逃げ出さない。

光が危険の信号となる状況は、ザリガニにとって不自然なのかもしれない。というのも、ザリガニは通常水の底に棲んでい

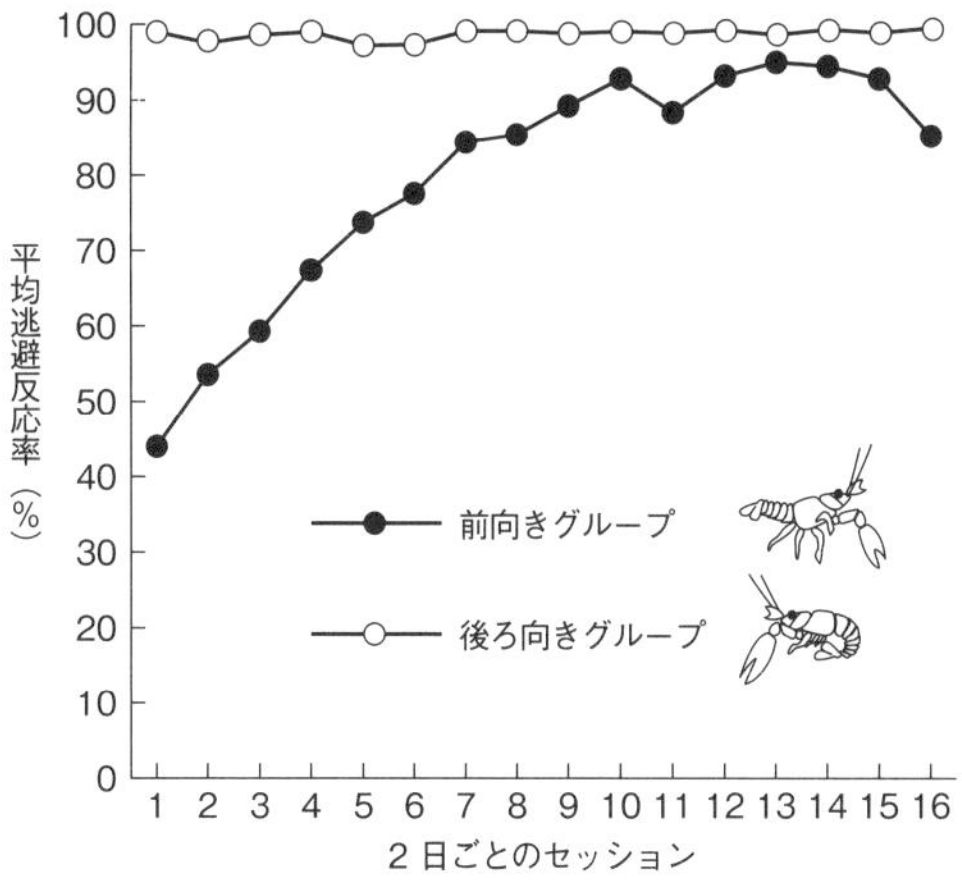

図24……ザリガニがショックを与えられてから逃避した割合の変化

る。危険（捕食者）がやってくるのは常にザリガニの上方からで、その時には捕食者の影がさすと考えられる。危険が迫れば暗くなるほうが、より自然な状況に近いだろう。ザリガニの上方に物体がやってきて暗くなるというのが危険の信号なら、後ろ向き条件でも学習するかもしれない。そこで、さらに別の実験では、図25のような装置を作った。プラスチック板がブーメランのように飛び出してきて、ザリガニの上方に影をつくり、それが信号となってショックが与えられるようにした。さらに、自然の状況では穴の中や岩の間に逃げ込むので、ゴール区画は低く、黒く塗った。まさにザリガニの現実での状況を模擬したつもりだった。

　ザリガニの行動は確かに変化した。しかし、観察されたのは、飛び出してくる板に対する威嚇反応だった。プラスチック板が飛んできてはショックが与えられる。その結果、ザリガニはプラスチック板に対してハサミを振り回すようになった（図20の下図を参照）。別のいい方をすれば、確かに条件づけは形成された。もともと捕食者に対する反射としてもっていた威嚇行動が、さらに条件づけでプラスチック板にまで見られるようになったのだ。

　後ろ向きグループのザリガニは、本当に「学習しなかった」のだろうか？　置かれる身体の向きによって、学習できたりできなかったりすることなどあり得るのだろうか？　後ろ向きでも光とシ

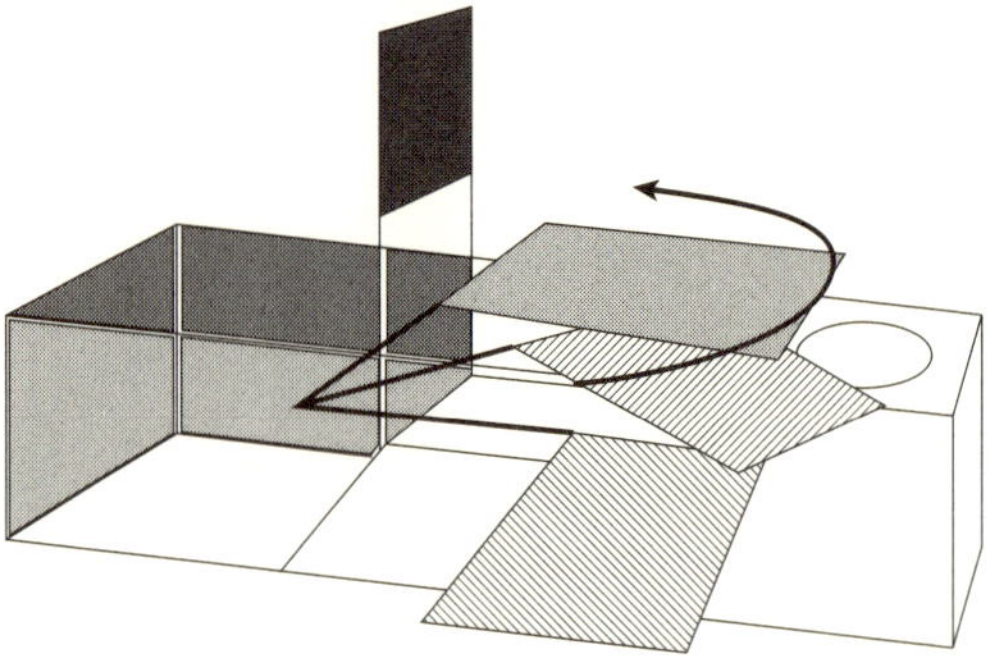

図25……ザリガニ用の別の実験装置

ョックの結びつきを学習するが、それを行動として発現できないだけだと考えてみた。その考えが正しかったことは、続きの実験から確かめられた。

まず、再び同じ手続きで実験を行った。その結果、やはり前向きグループだけが学習した（図26）。次に図の左から2番目のパネルを見てほしい。この実験の第2段階では、最初の条件を入れ替えた。これまで前向きだったザリガニは、今度は後ろ向きになった。逆に後ろ向きだったザリガニが前向きになった。その結果、それまではショックを受けるまで動かなかった（元）後ろ向きグループのザリガニが、いきなり光の点灯直後に前に歩いてショックを回避した。逆に、これまでうまくショックを回避していた（元）前向きグループは、光の信号に対して何の反応もしなくなった。

さらに最初の条件に戻したところ、第1段階と同じ結果になった（図26の左から3番目のパネ

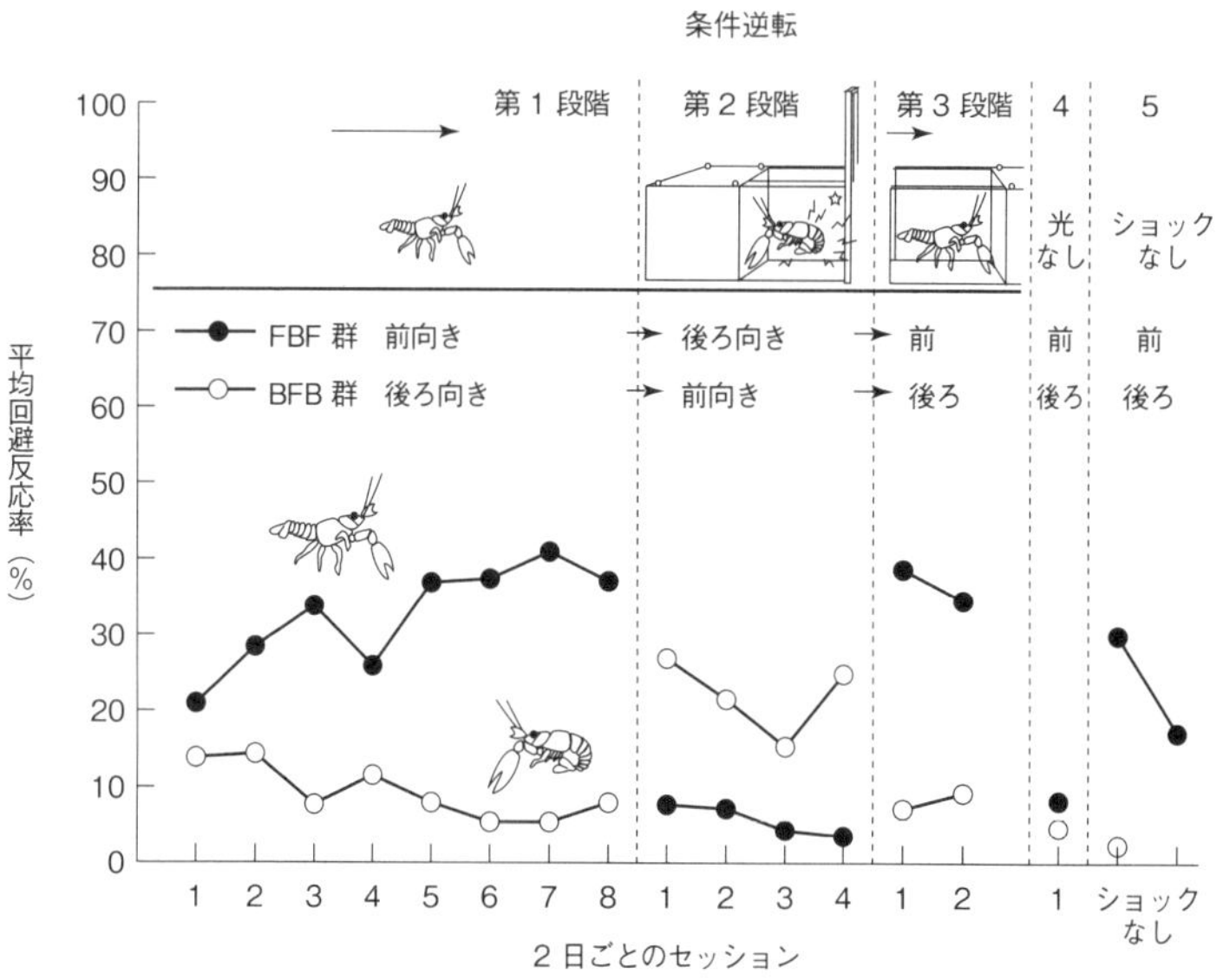

図26……ザリガニは後ろ向きでは学習したことを行動に反映できないことを示した実験結果

ル)。

シャッターの上下が手がかりになっているのではない。図26の右から2番目のパネルにあるように、光を点灯せずにシャッターだけを開閉しても、どちらのグループもまったく反応しなかった。したがって、ザリガニは光刺激を警告信号として反応していたことがわかる。

これらのことをまとめれば、後ろ向きのザリガニも光が点灯すればショックがくるという「関係は学習していた」といえる。しかし、学習によって獲得した「知識」がうまく行動として発揮できなかったのである。どうしてこのようなことが起きるのだろうか。

行動システム

それを解く鍵は、「行動システム」と呼ばれる考え方にある。これは、ノーベル賞を受賞したニコ・ティンバーゲンがいう「行動の階層システム」に影響を受けて、後の心理学者が提唱したものである。それによると、動物の行動は、いついかなる時でも自由自在に発揮されるのではない。それぞれの状況(モード)に応じて取り得る行動は、状況(エサを探している時や、逃避している時)に応じて、あらかじめいくつかが決められており、それらのいずれかが発揮されるのである。

たとえば、電気ショックの信号があれば、ネズミはうずくまってジッとしているが、ショックを受けた直後には、攻撃行動などのさまざまな積極的な防御反応が観察される。ジッとうずくまっていることから積極的な防御的攻撃への転換は、捕食の危急性の程度に依存してネズミの行動が変化することを表している。まさに「窮鼠は猫をかむ」のである。

野生のネズミをネコにさらした実験では、ネコが1メートル以上離れている時にはネズミはうずくまってジッとしていたが、ネコとの距離が50センチ以下になった時、それまでうずくまっていたのが突然積極的な防御的攻撃に切り替わった。単に距離の問題ではなく、状況のありようによっても積極的な反応と受動的な反応のどちらが出力されるかが決まる。ネコがいても脱出経路があれば、ネコまでの距離にかかわらず、ネズミはほぼ確実に走って逃げる。

すなわち、その場で取り得るいくつかの行動があらかじめ用意されており、具体的にどの行為が採用されるかは、その場その場の状況に依存してめまぐるしく変化すると考えられる。つまり、動物の具体的な行動は、より高次なまとまり（採餌や逃避）に統合されており、ちょうどピラミッドのような階層的な機能システムを構成するのである。図27は、そのことを示している。たとえば、ある刺激を知覚すれば（ネズミがネコを見つける）、それは、ちょうど反射のように直接運動メカニズムを作動させるかもしれないが（図27では、たとえば「1」から「A」へ）、より高

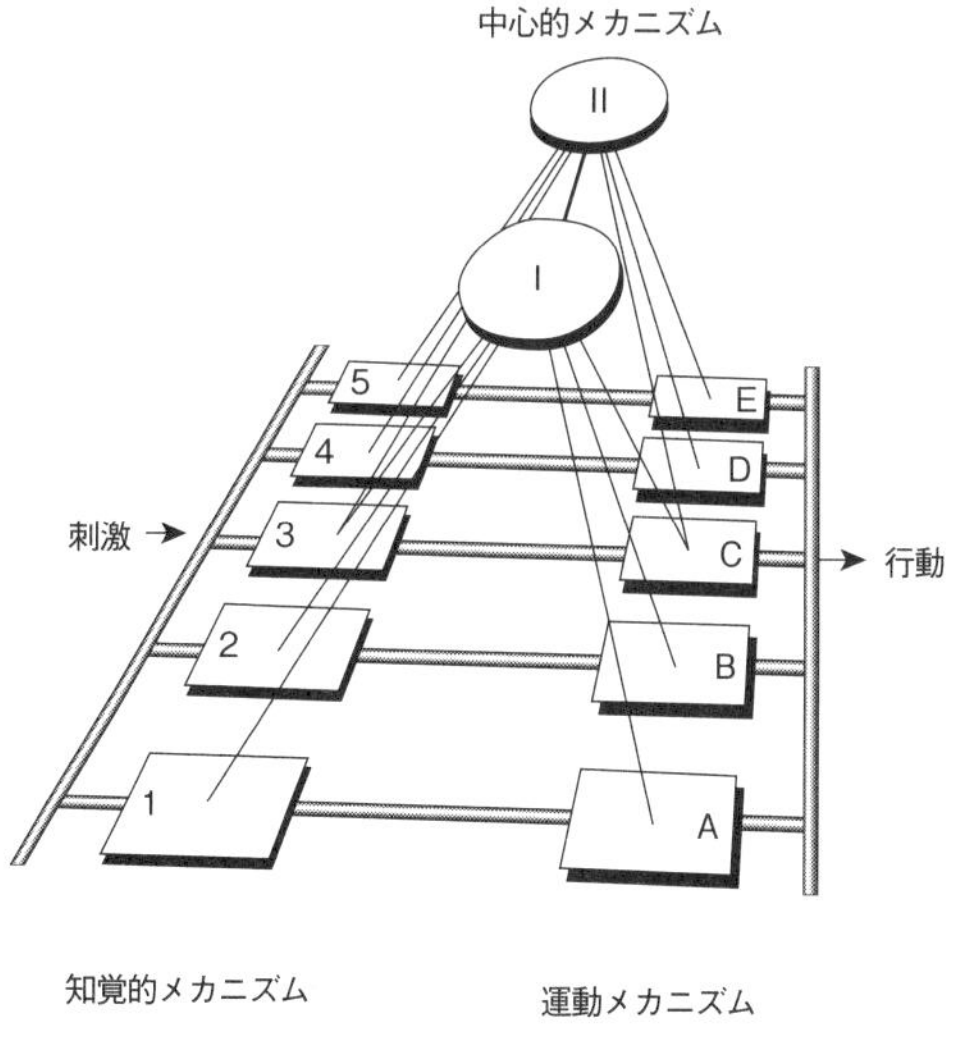

図27……行動システムの模式図

次のまとまりを経由して、単純な反射ではない、別の行動（たとえば、図では「C」という行動）を取らせるかもしれない。

図28は、状況に応じて防御のモードが切り替わり、取り得る行動が変遷するというマイケル・ファンズローの考えを図示したものである。左端の下に向かっている矢印は、当該動物（ネズミ）の捕食者（ネコ）が次第に接近してきたこと、すなわち危険が切迫してきたことを示している。真ん中の列は、その切迫の具体的な状況を、右の列は切迫状況に応じて選択できる当該動物（ネズミ）の具体的な行動を示している。

最上段は捕食者が現れる恐れのない平和な状況である。その時、動物は摂食や交尾、養育などの行動を行う。しかし、捕食者に気づいた状況では（捕食者の発見）、遭遇後の行動が発現される。ネズミでは、ジッとうずくまって動かない凍結反応や、走って逃げる行動がそれに当たる。さらに、実際に攻撃を受けると、攻撃後の防御反応が出現する。攻撃を受けた動物が鳴いたり、捕食者に対して逆にかみつき返したりするのは、この状況（モード）にある時である。

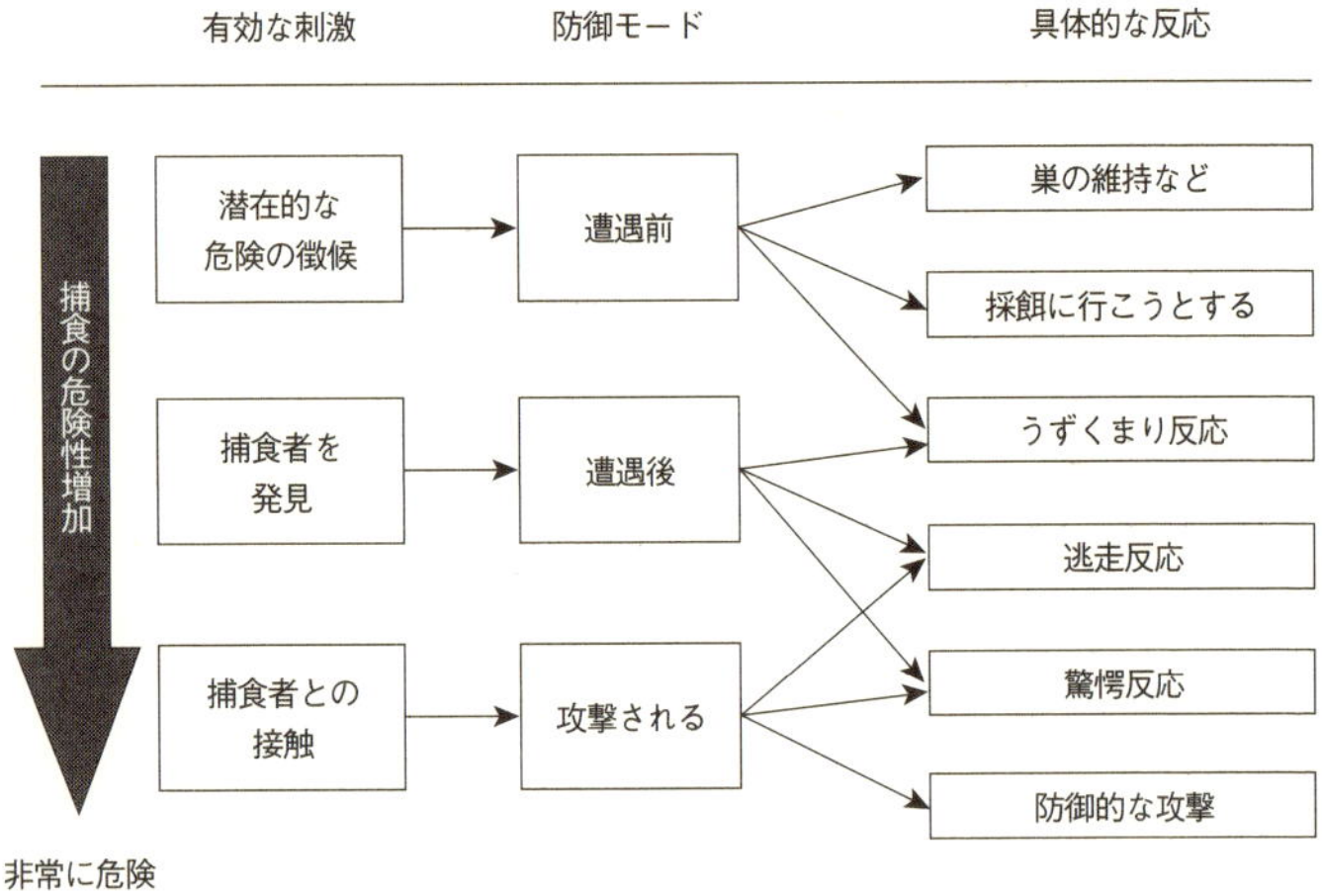

図28……ファンズローの防御行動に関する模式図

ザリガニの行動を司る神経機構

さて、ザリガニの行動に戻ってみよう。どの防御反応が発動されるかは、危険の切迫性に合わせて階層的に決まっていると考えると、ザリガニの尾による後退反射は、攻撃後の防御反応と見なせる。それは実際に「攻撃」を受けてからしか発動されないからだ。それに対して、攻撃の「信号」である光は、それが「実際の攻撃」ではないので、遭遇前の反応しか用意されていない。そして、おそらく後退反射はこの遭遇前のモードに含まれていない。ここでは、歩行して逃げるか、うずくまるかのどちらかだろう。実際に、前向きに置かれた時には歩いて逃げるし、後ろ向きにされればうずくまった。そして、攻撃を受けた後に、ようやくすばやい後方への飛びのき反射が発動された。

すなわち、ザリガニは学習することは可能だが、学習したことをどのような行動ででも遂行できるわけではないのだ。エビ類の後方への飛びのき反射は、そのすばやい速度や遠くまで移動できる距離、また前方にはハサミを向けたまま逃げられるという点で非常に優れたシステムである。ザリガニはどの個体も、孵化して間もない頃からこの反射を示す。

そのようなザリガニの後退反射は尾部にある側方巨大線維によって司られている。それに対して光とショックの関係は頭部の神経節（脳）で学習される。無脊椎動物では、神経節は地方分権的に比較的独立に機能しているが、側方巨大線維は脳で学習された情報の命令を受けつけないのだろう。生得的機構を発現させるためにできあがった神経回路は、脊椎動物の神経系のように、上位の神経回路からの命令を受けつける柔軟性がないのかもしれない。

無脊椎動物は、神経系がそれぞれの行動ごとに個々のパッケージのような閉鎖的な回路を作っており、環境で生じた問題の多くに対して、生得的機構で解決している。私たちの自律神経系（心拍のペースや発汗量を決める）の働きを意識的に変えることは難しいが、それはそれでうまく環境の変化に対応しているのに似ているのかもしれない。

バッタの飛翔反射やザリガニの後退反射のように、生命維持にとって重要な反射機構は、他の神経節に影響を及ぼすことがあっても、他の神経節からの影響を受けにくいようにできていると考えたら納得できる。そのような制約が多くあるために、無脊椎動物は、経験を通じてみずからの行動を自由に変える可塑性が少ないのだろう。

サブサンプション・アーキテクチャと階層的な反射機構

ここで再びロボットの動き（振る舞い）を考えてみよう。カマキリの狩りのように、比較的単純な反応システムを階層的に組み合わせたらどうなるだろうか。個別の機能単位が、さらに上位の機能単位によって包摂されるように組み合わされれば、やはりここでも驚くほど複合的な行動が出現する。たとえば、とにかく動き回るという機能を組み込んだ、先に登場したビークルのようなものを考えてみよう。そのビークルには、動き回るという機能の上位に、障害物を回避するという機能単位（モジュール）を組み込むとする。そしてさらにその障害物回避の上位に、物体を収集するというモジュールを組み込めば、障害物を回避しつつ物体を収集して回るビークルができあがる。

ブライテンベルクのビークルに似ているが、モジュールを階層的に組み込むことと、上位のものは下位のモジュールの動きを制御したり抑制するが、基本的にはそれぞれのモジュールが独立に機能するという点で異なっている。すなわち、ビークルでは、センサからの入力信号（割り込み）によって、いずれかの行動だけが選択されたが、この機構を搭載したロボットは、徘徊する、障害物を避ける、物体を収集するという動作を同時並行的に進行させることができる。このシステムは、行動システムの考えや、カマキリの捕食行動などの階層的な反射機構に似ている（図29）。

ザリガニの回避行動もある種の階層性をもっている。後退反射は直接攻撃を受けなければ発動されないが、学習という上位のモジュールによって、前を向いている時には凍結反応を抑制して歩いて逃げたのである。モジュールをどんどん積み重ねることで、状況に合わせた複雑な行動が可能になる。私たちの知性もそのようにできあがったのかもしれない。

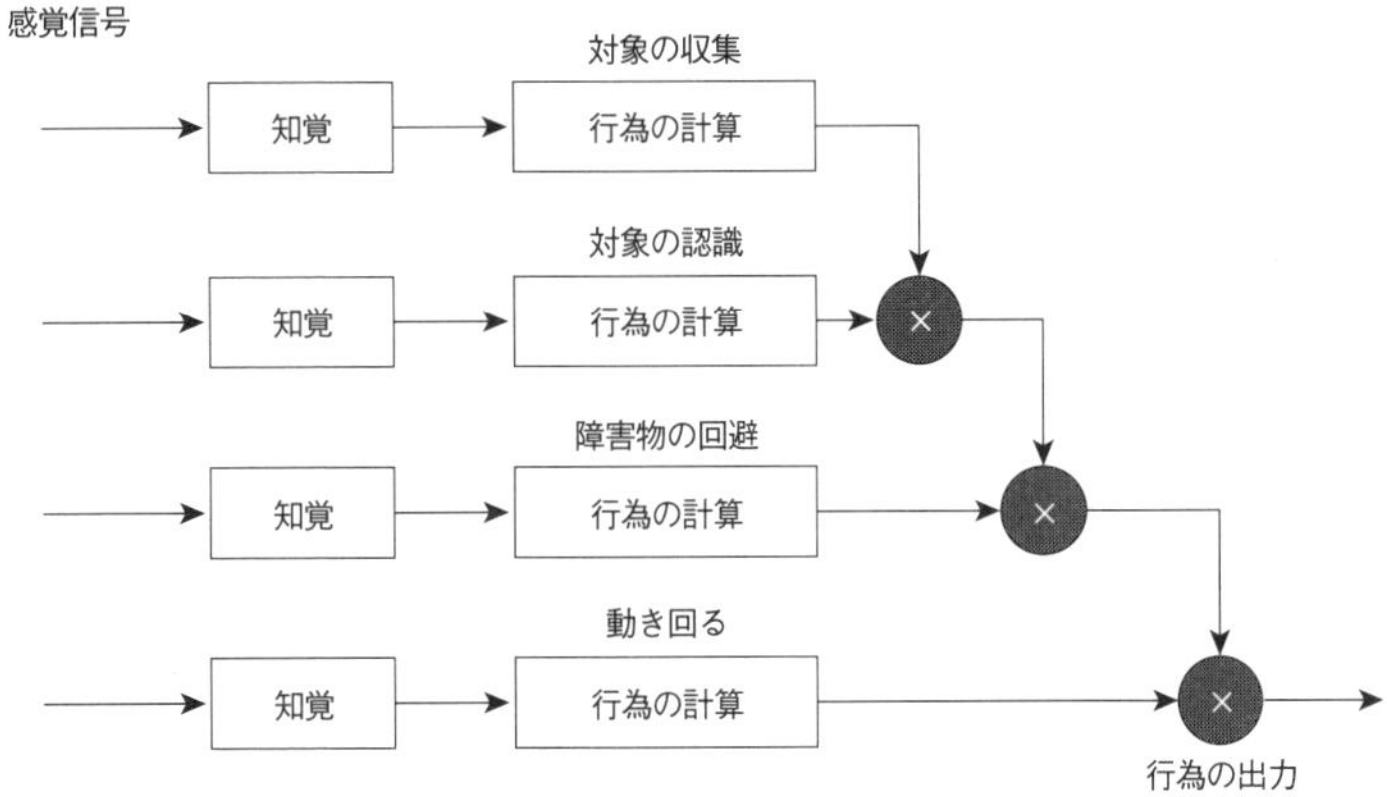

図29……サブサンプション・アーキテクチャを模式的に表した図

コグ（cog）

このロボットの設計思想は「サブサンプション・アーキテクチャ」（包括を考慮した設計）といわれ、マサチューセッツ工科大学のロドニー・ブルックスによって提唱された。サブサンプション・アーキテクチャは、ある機能単位がいったん作り上げられるとそれを変更する必要がないという点で進化と対応している。たとえば進化では、ある過程で「眼」が発明されると（少なくとも基本的には）それ以上変化しないという現象が見られる。

この設計思想のすごいところは、ブルックスがその考えに基づいて、コグ（cog）と呼ばれるヒト型ロボット（ヒューマノイド）を作り上げたことである。ヒトの子どもと同じくらいの大きさのこのロボットは、それぞれ両眼に周辺視と中心視を見るカメラやスピーカーの耳を備え、上半身がヒトのようになめらかに動く。そのプロジェクトの目的は、人間レベルの知能を研究することであるが、そこには次のような2つの仮定がある。

第1の仮定は、ヒトのような知能には、世界と相互作用する手段として、ヒトのような身体が必要だというものである。ヒトであるということの意味の重要性は、ヒトとしての身体をもち、それを通して他の人間と相互作用できるという点にあると考えられている。

第2の仮定は、サブサンプション・アーキテクチャの中で提唱された原理は、高次の知能の実現に対しても適用することができるというものである。つまり、内部処理をほとんど行わない、互いに独立した複数のセンサとモータのカップリングに基づくプロセスを通して知性が創発されると仮定しているのである。

それまでの人工知能のモデルというのは、外界のモデルをコンピュータ内に作って、順次計算して目標を達成するものだった。たとえば、移動しようとするなら、まず目標までの距離を測って、障害物を認識し、その位置をマークして、最短のエネルギーで行けるコースを計算し、制御装置に指令を出して、それからようやく移動するという、まどろっこしいものだった。それに対して、この設計では、とにかくそれぞれのモジュールが実行され、環境との相互作用を通じて、次々に問題を解決していく。その問題解決の結果として、非常に高次な知性が立ち現れる。

子どもが環境との相互作用を通じてさまざまなことができるようになるのと同様に、コグもやがて高次な知性を発揮することが期待されている。

インファノイド

ブルックスの研究室に留学していた小嶋秀樹さん（情報通信研究機構主任研究員）は、同じ設計思想に基づいて、インファノイドと名づけられたヒト型ロボットを作り上げた。インファノイドとは、乳児を意味するインファントとヒト型ロボットを意味するヒューマノイドを組み合わせた造語である。小嶋さんの進める「インファノイドプロジェクト」では、インファノイドが身体をもった物理的な存在としてだけではなく、社会的な存在であることを目指している。その目標のひとつは、インファノイドとヒトとの間で、ヒトのコミュニケーションのようなものが成立するか、ということである。

コグとは異なり、インファノイドは眉や口の形が器用に動いて、怒りや驚きといったさまざまな表情を作り出す。なめらかに動く腕や5本の指で、物を指し示したり、おもちゃをつかんだりもできる（図30）。29個のモータや各種センサを備え、ヒトと同じ速度で身体を動かすこのインファノイドは、今や市販のパソコン1台だけで動いている（そのプログラムは小嶋さんの労作である）。

そのようなロボットに対して、ヒトの子どもや、コミュニケーションが苦手とされる自閉症児はどのようにかかわるのかを、小嶋さんが中心になって、同じく情報通信研究機構の仲川こころさん（研究員）、矢野喜夫さん（京都教育大学教授）、小杉大輔さん（静岡理工科大学助手）とともに共同で調べた。

どの事例も興味深いが、特に私たちを驚かせたのが、ある高機能自閉症の小学生の男の子が見せたインファノイドとのやり取りである。その男の子は最初にインファノイド（インフィーという名前がついている）と対面した時から、インファノイドのことが気に入り、とても長い時間遊んでいた。それどころか、私の研究室からの帰りの車中で、お母さんの携帯電話から私に「インフィーに

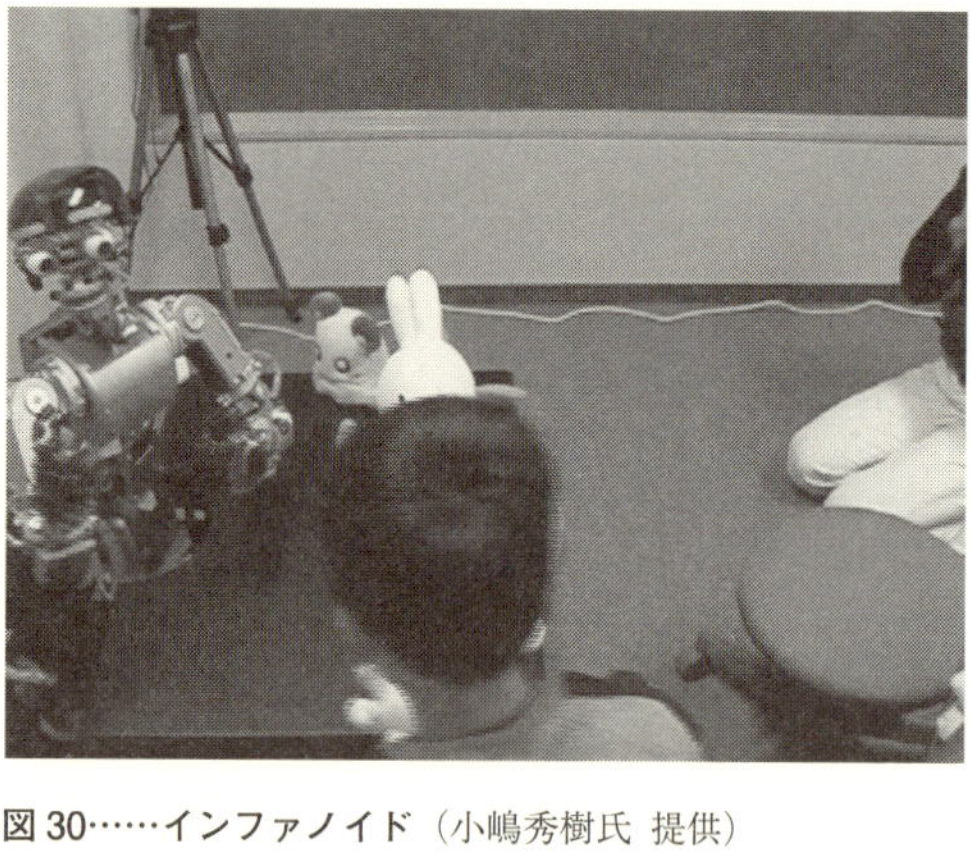

図30……インファノイド（小嶋秀樹氏 提供）

よろしく」とのメールを送ってきたのである。

そんな小さい子どもが携帯電話でメールを送ってくることにも驚いたが、ロボットによろしくという子どもは珍しい。同じように研究室に来てくれたほかのどの子からもそのような伝言はなかった。

さらに別の用事で、その子がお母さんとともに私の研究室に来た時に、何だかそわそわしていると思ったら、どうもインファノイドと遊びたかったそうだ。

とても愛着があるようなので、最初の対面からちょうど半年たった時に、もう一度インファノイドと対面してもらった。その時には40分以上もインファノイドと遊んでいた。中でも興味深かったのは、インファノイドと「かくれんぼ」をはじめたことである。インファノイドがよそを見ている間に、お母さんの背中や、インファノイドが「見えない」とこ

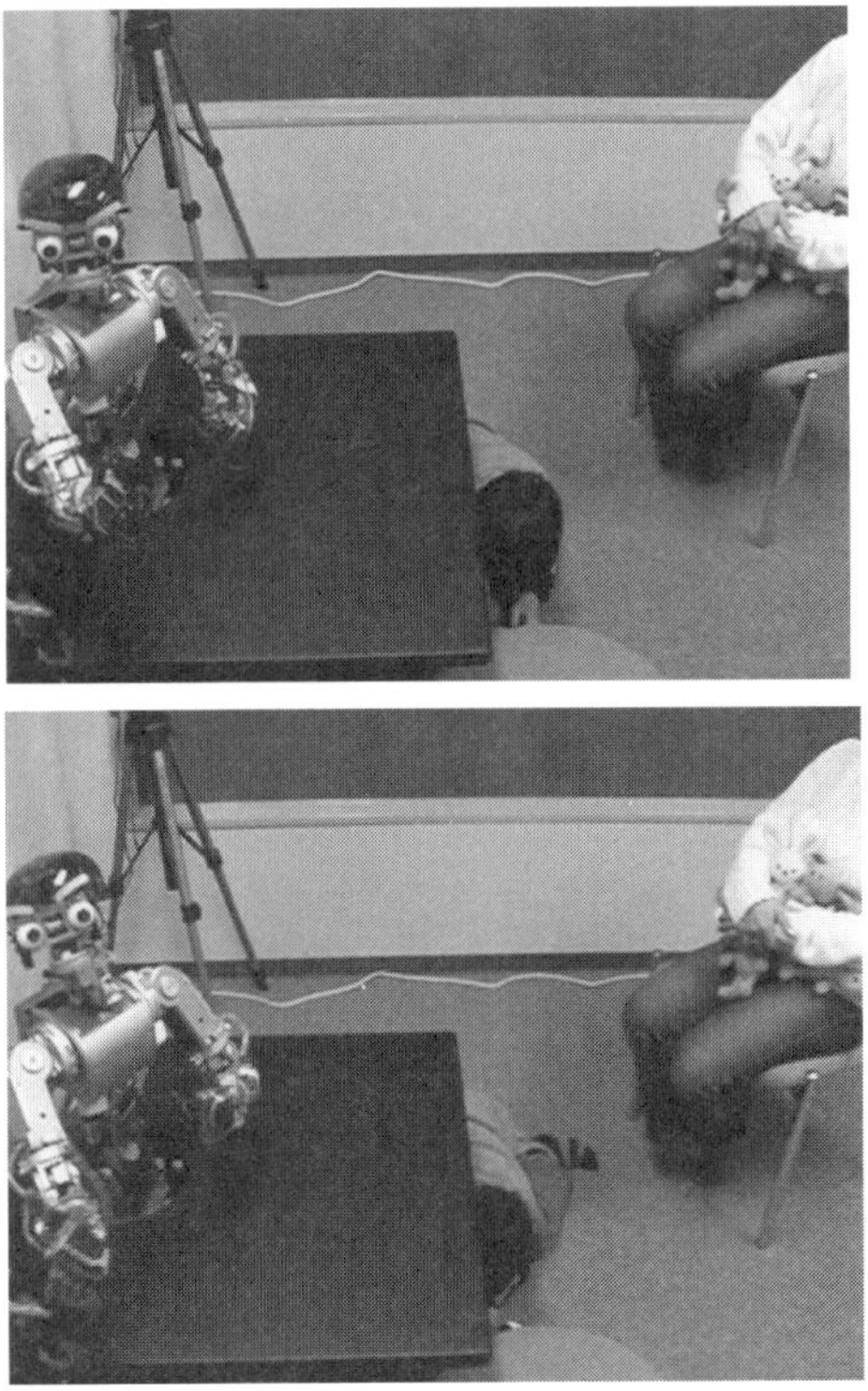

図31……インファノイドと男の子のかくれんぼ

ろへ移動し、インファノイドに「見つかる」かどうかを楽しんでいたのである（図31）。
対面している者が見ているところに注意を向ける、あるいは逆に、視線や指さしによって対面する人の注意を喚起させることが特徴であるインファノイドにとって、そのような遊びが創発したことは、まさに成功だったといえる。色のパターンから顔を見つけるインファノイドは、視界にヒトの顔が映っていなければ、ゆっくりとランダムに顔を動かす。視界に人間の顔を見つけると、そちらに振り向く。そのような単純な仕組みではあるが、環境（ここでは男の子）との相互作用によって、そばにいた私たちには2人の子どもが遊んでいるように見えた。
最初にあらゆる状況の計算をしないタイプの人工知能にも知的な行動や振る舞いは宿る。このような、ロボットを作ることによってヒトの知性の側面を探るという構成論的な方法の研究は緒に就いたばかりだが、こうしたアプローチによって、これまで知られていなかったヒトの知性の側面を解明することが期待される。

【引用文献】

平野丈夫　2001　脳と心の正体—神経生物学者の視点から　東京化学同人
古武彌正　1944　唾液分泌に就いての小実験　心理学研究, 18, 449-450.
Kawai, N., Kono, R., & Sugimoto, S. 2004 Avoidance learning in the crayfish (*Procambarus clarkii*)

depends on the predatory imminence of the unconditioned stimulus : A behavior systems approach to learning in invertebrates. *Behavioural Brain Research*, 150, 229-237.

パピーニ　2005　パピーニの比較心理学―行動の進化と発達　北大路書房

Column❷

水槽の思い出

いわゆるペットを飼ったことがない，と先に書いたが，まったく動物を飼ったことがないわけでもない。水槽で飼える動物は飼育したことがある。小学校や生家の近所の東福寺（京都市）という大きなお寺の溝でザリガニを捕り，もち帰ってはバケツなどでしばらく飼った。しかし，それは「飼育」ではなく，ただバケツに入れているだけで，動物もすぐに死んでしまった。

小学校の高学年の時に『釣りキチ三平』という漫画が流行し，私たちはこぞって魚釣りをした。それからは，釣ったサカナをもち帰り，水槽で飼育した。この時はちゃんとした水槽を買い，器具もそろえて，初めて「飼育」をした。また，自分が釣ろうとしているサカナのことを一生懸命調べた。図鑑はいうにおよばず，母親には琵琶湖水族館という，当時国内で最大の淡水魚水族館に連れて行ってもらい，子どもにできる範囲の知識を広げた。おかげでいまだに淡水魚に関してはある程度の知識がある。この時の「研究」が，私の人生における最初の研究だった。

魚釣りは，中学校に入ってから部活動が忙しくなったためにできなくなった。その後の十数年間は，サカナは食べるためのものだった。しかし，大学院の博士課程になってネズミ以外の動物で実験をしたいと思った時に，最初に考えたのは水槽で飼える動物だった。ザリガニやキンギョを買いに行くため大学近くのキンギョ屋に行くと，昔釣ったサカナがさまざまな水槽に入っており，子どもの頃の自分に再会したような気がした。

ザリガニ，カメ，キンギョ……，初めて自分で獲得した研究費で買い集めたそれらは，子どもの時にバケツや水槽で飼っていた動物たちだった。

第3章……学習能力の進化的・発達的起源

最も原始的な生物の学習

周囲の情報を利用して危険を予測する能力は生存に不可欠である。自分たちでは音を発しない蛾が、捕食者であるコウモリから逃れるために、わざわざコウモリの超音波を聞き取れる「耳」を進化させた例は、生物にとって捕食者の情報がいかに大事かを物語っている。しかし、捕食者はコウモリの超音波のように常に決まった信号を発してやってくるわけではない。

現実世界で時々刻々と変わりつつある環境で、捕食者やよいエサの到来をできるだけ確実に予測することは重要である。みずからの経験に基づいて、環境で生じる重要な事象とその信号の「関係」を理解することが条件づけと呼ばれる学習現象の本質である。生後の経験による学習ができなければ、多くの動物は生存が困難になる。そのような学習の能力は、制約はあるものの、無脊椎動物のザリガニでさえ備えている。はたしてこのような能力の起源は、どのような生物までさかのぼることができるのだろうか。

これまでに学習することが確認されている最も原始的な生物は、中枢神経系を備えたセンチュウ（線形動物門）である（図32）。センチュウは、触覚、味覚、嗅覚、温度感覚など、哺乳類が備えている感覚すべてをもっている。そして、それぞれの感覚に対応した感覚ニューロンが存在し、そこで受容した信号は、中枢神経系である介在ニューロ

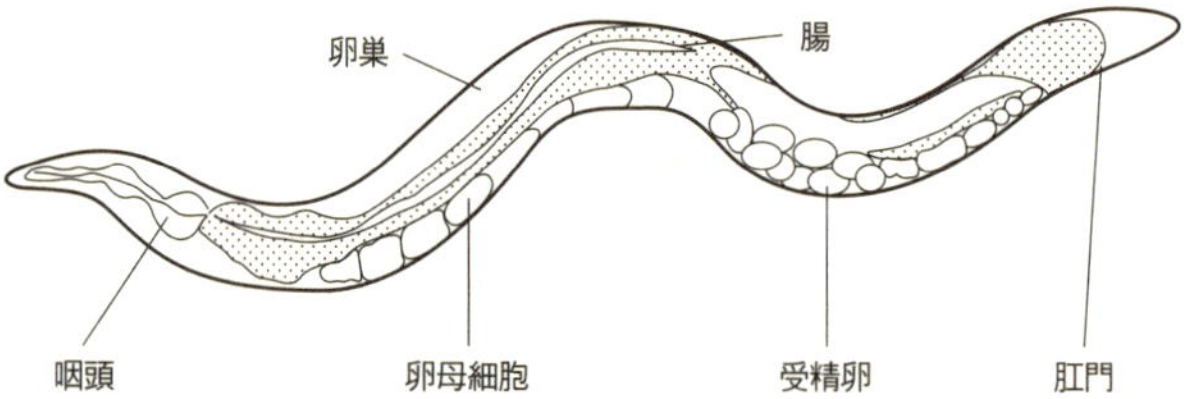

図 32……センチュウ

ンで統合される。しかし、センチュウの神経細胞は全部で302個しかなく、身体全体でも細胞の数はわずか959個にすぎない。今では、すべての神経細胞の位置と神経細胞間のシナプス結合が解明されている。1998年には全遺伝子配列が解明され、その時の米科学誌サイエンスの特集号で、主役であるセンチュウの写真が表紙を飾った。

エサである大腸菌を食塩溶液と一緒に与えれば、センチュウは食塩溶液がエサの信号であることを学習する。その証拠は、この経験の後にはセンチュウが食塩溶液の場所に長く滞在するようになることから示される。また、センチュウは酢酸溶液を嫌うが、その溶液の信号となるように、あるにおいと酢酸溶液を一緒に与えれば、そのにおいから逃げるようになる。つまり、センチュウは食物を求めるための学習と、嫌なものから逃げる学習の両方を示すのである。また、特定の温度と、エサがどの程度豊富であるかということの学習もする。現在では遺伝子レベルの研究が進められている。

神経細胞レベルでの学習メカニズム

遺伝子や神経細胞レベルでの学習メカニズムを探るには、センチュウは有望な実験モデル動物であるが、移動以外の複雑な行動をしないし、身体が小さすぎて（まつげほどの大きさもない）、神経細胞の活動を記録するのが難しい。神経レベルでの学習研究によく用いられるのはアメフラシやカタツムリといった軟体動物である。これらの動物には、簡単に見つけることができて、個別に名称をつけることも可能な巨大な神経細胞がある。

そのため、ザリガニと同じように、それらの動物の特定の反射にかかわる神経細胞も同定されている。たとえば、アメフラシ（図33）は、強い電気ショックで尾が刺激されると、エラの引っ込め反射を示す。身体の異なる場所（たとえば、吸水管と外套膜）に弱い触覚刺激を呈示し、一方の部位（吸水管）を触った後には電気ショックを与えて、他方（外套膜）を触った後には何も与えなければ、吸水管を触られた時にはエラを引っ込めるが、外套膜を触られても何の反応もしない。ショックと対にする場所を吸水管と外套膜で入れ替えても、ショックの信号となる場所だけがエラの引っ込め反射を生じさせる。

このアメフラシを対象とした一連の研究でノーベル賞を受賞したエリック・カンデルは、わずか3つの神経細胞でも条件づけが生じることを確認した。図34にあるように、まず、第1の神経細胞（A）と第2の神経細胞（B）の細胞体に電極を挿入して微弱な電気を流したところ、いずれの細胞もそれに対応した神経細胞の活動が見られた。条件づけを行う前には、神経細胞Aの活動は、神経細胞Cの活動を引き起こさなかったが、神経細胞Bの活動は続いて神経細胞Cを活動させた。ただし神経細胞Aの活動は神経細胞Cの細胞膜に脱分極を生じさせたので、そこにはシナプス結合が存在

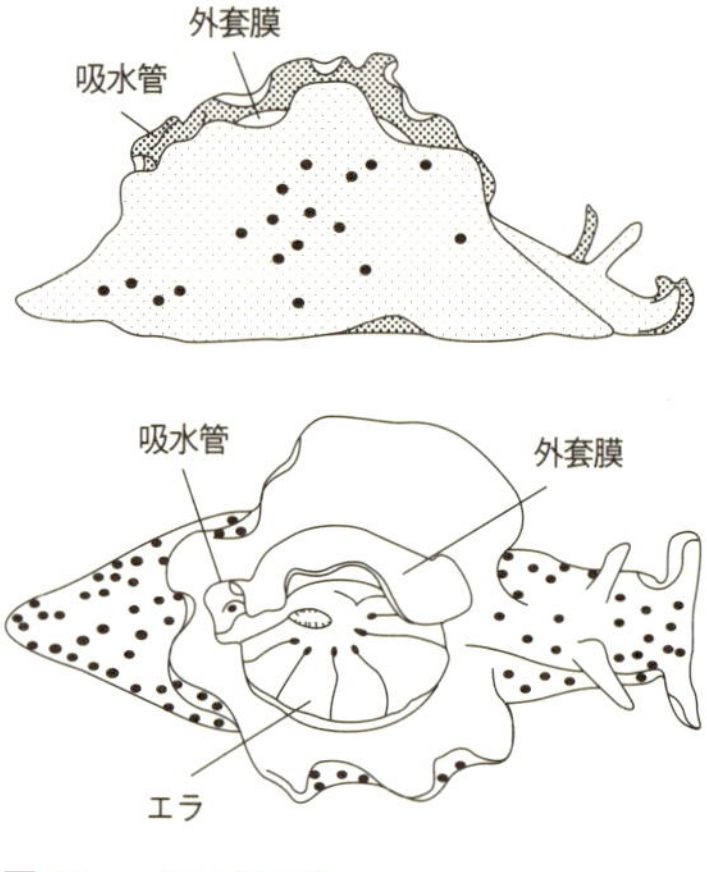

図33……アメフラシ

していたと考えられる。

そして、神経細胞Aを刺激してから神経細胞Bを刺激するという手続きを繰り返すと、やがて神経細胞Aを刺激するだけで神経細胞Cが活動するようになった（図34）。

しかし、ヒトや他の動物でもわずか3つの神経細胞で学習が成立するわけではない。最も単純な事例として、3つの神経細胞による条件づけが確認されたということである。

条件づけの標準的な実験手続きにウサギの瞬き反射を指標としたものがある。信号音を聞かせた後に、ウサギの眼に空気を吹きつけるということを繰り返せば、ウサギはその音を聞いただけで瞬きをするようになる。リチャード・トンプソンらは、このような実験手法を用いて、条件づけにかかわる神経回路の研究をしている。彼らは、条件づけが進行するにつれて活動が増加する神経細胞を見つけた。音に対して瞬きをする確率が増えるほど、小脳にあるその神経細胞は活動を増した。逆に、空気を吹きつけずに音だけを呈示すると、やがて音に対して瞬きが見られなくなった。これは「消去」という、条件づけとは逆の手続きであるが、この時にもその神経細胞の活動は同じように、先に減少していった。その神経細胞の活動は、瞬きの0・03秒だけ先行しており、まるでその神経細胞が条件づけを担っているかのようだった。

しかし、トンプソンらが詳細に調べたところ、単純なウサギの瞬き反射の

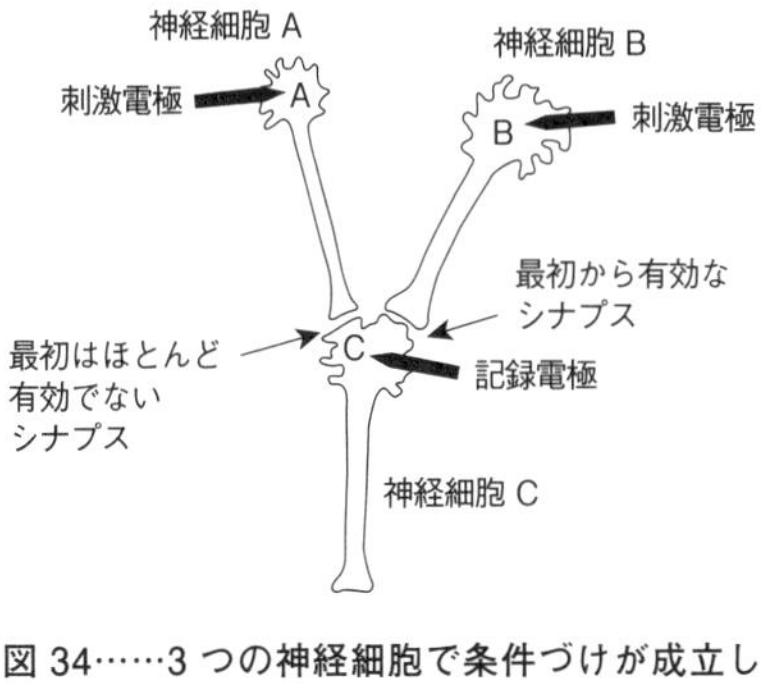

図 34……3 つの神経細胞で条件づけが成立したアメフラシの神経回路

条件づけでさえ、図35のように脳内のさまざまな領域と神経ネットワークが関与していることがわかった。ヒトが行う複雑な学習には、さらに多くの領域が関与していると考えられる。

学習の進化的起源

アメフラシのような生物でも、ヒトと同じように条件づけ（学習）が可能だという事実は重要である。なぜなら、脊椎動物と軟体動物の中枢神経系は、まったく別々に進化したので、神経系の構造などは大きく異なっている。そのことは、条件づけや学習を成立させるために、特定の神経機構が必要とされるわけではないことを意味している。アメフラシとヒトの共通の祖先は、5億4000万年以上も昔に存在した、現在のプラナリアに似た神経機構や行動を備えた生物だったようだ。したがって、その頃までに生物が学習する能力を獲得し、その後に現れた多くの動物に共有されるようになったと考えられる。

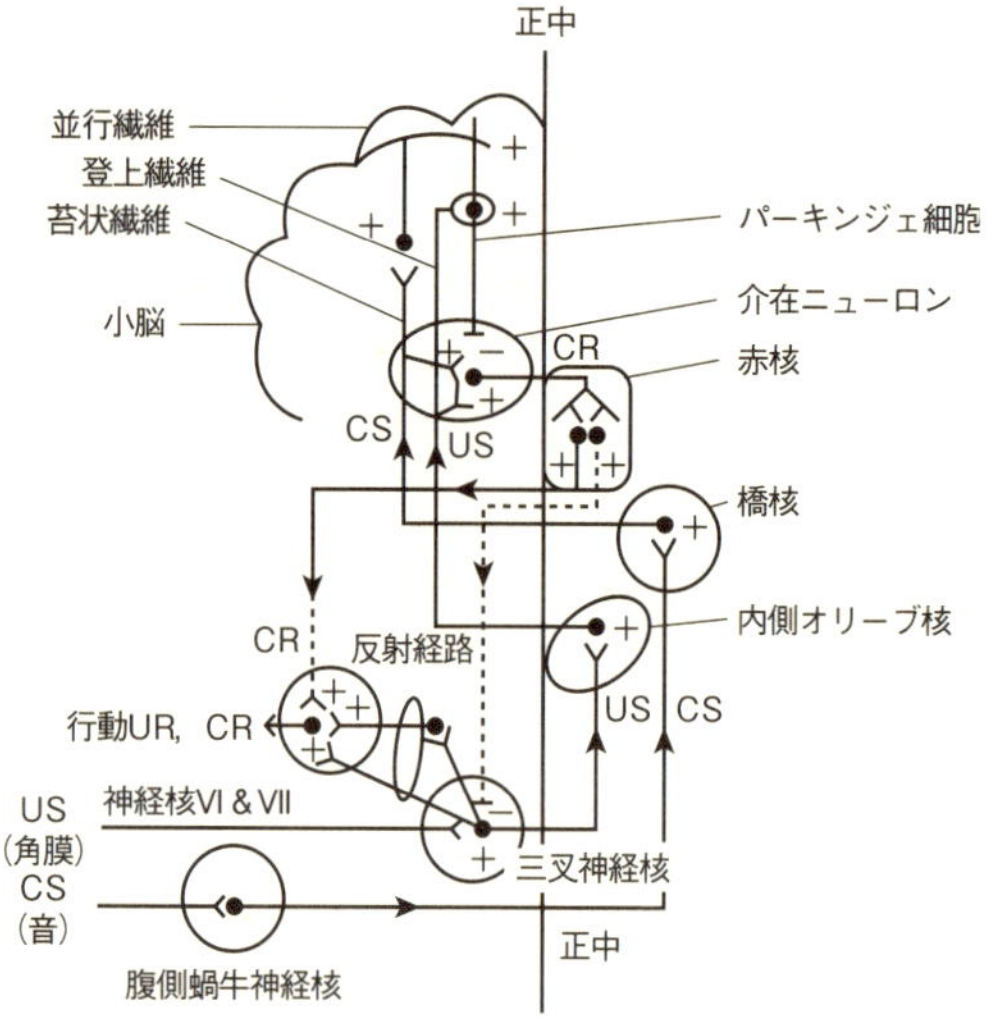

図35……ウサギの条件づけにかかわる神経回路

学習の分子レベルでのメカニズム

神経系をもつ最も原始的な生物（刺胞動物）であるヒドラやイソギンチャクと、他の動物の神経細胞そのものの機能や形態は非常によく対応している。したがって、神経細胞のいくつかの基本的な性質は、動物の系統発生の非常に初期の段階で確立したと考えられる。

最も単純な学習のひとつである条件づけの実験では、その結果として長期的な行動変化が観察されるが、それには、いわゆる「セカンドメッセンジャー・システム」が大きな役割を果たしている。ある神経細胞から別の神経細胞へと信号を伝達する際に、化学的な働きによって第1のメッセンジャーである神経伝達物質分子が作用し、シナプスが接続している先の細胞に電気化学的な変化を生じさせる。さらに、そのシナプスの経路が繰り返し活性化されれば、セカンドメッセンジャーが活動し、サイクリックアデニル酸（cAMP）などの遺伝子を発現させる。このような転写によって、条件づけに必要なシナプスの新しい結合が生じる。

サイクリックアデニル酸は、ショウジョウバエ（節足動物門）、アメフラシ（軟体動物門）、ネズミ（脊椎動物門）といった、まったく異なる動物の条件づけのいずれにも関与している。カンデルらは、そのサイクリックアデニル酸がバクテリアにも存在しており、それが最古のセカンドメッセンジャー・システムではないかとみている。だとすれば、それが生物の知識獲得において重要な役割を果たすようになったのは、動物の系統発生の極めて初期のことだったと考えられる。

生まれる以前の記憶と学習

私たちヒトが高度な学習能力をもっていることは確かである。しかし、私たちはいつから学習することが可能なのだろうか。ウサギの単純な条件づけにさえ、脳のさまざまな領域がかかわっていた。脳が未発達のヒトの子どもは、学習する能力を備えているのだろうか。

１９７０年代半ばまでは、新生児は何もできない、かよわい存在と考えられていた。しかし、最近の研究によって、ヒトの子どもは生まれた時から、ある程度の認知能力を備えていることがわかってきた。

さらに胎児の研究も進み、ヒトの胎児は子宮の中でさまざまな情報を処理していることが明らかになってきた。たとえば、生後わずか2～3日であっても、ヒトの乳児は見知らぬ女性の声より、自分の母親の声を好む。これは、産まれてからの経験によって母親の声を好むようになったのではない。生後は、なるべく母親の声を聞かせないようにしても、母親の声に対する選好が見られる。また、父親の声に対しては選好が見られないので、新生児は胎児期に母親の声を聞いており、それを学習したと考えられる。

しかし、はっきりと胎児が学習したという証拠はなかった。それまでに行われてきた胎児の研究は、母親の声のように、１つの刺激を繰り返して聞かせ、それに対する反応がどのように変化するか、ということを調べたにすぎない。それらは「馴化」と呼ばれる一種の馴れを調べたものであり、もともとは意味のなかった刺激が別の重要な出来事のイメージを獲得するという学習とは大きく異なる。

胎児は、もともとは意味がなかった刺激に、ある重要なことのイメージを関係づける学習ができるのだろうか？　ヒトを含めた哺乳類の子宮内では、低い音（２０００ヘルツ以下）でかつ強いものであれば、子宮外からの音が聞こえる。そこで、子宮の外からの音と、胎児にとって重要な出来事の関係を学習するかを調べた。

その後、ヒトの胎児でも研究を行ったが、最初の研究はチン

図36……胎児期に条件づけを受けたパル（上）と統制条件のクレオ（毎日新聞社 提供）

パンジーの胎児（今ではパルと呼ばれる。図36）が母親パンのお腹にいる時に実施した。当時九州大学におられた堀本直樹さん（現・豊見城中央病院）、諸隈誠一さん（九州大学研究員）、京都大学霊長類研究所の友永雅己さん、田中正之さん、道家千聡さんとの共同研究である。

チンパンジーの妊娠期間は、ヒトより1か月ほど短い。およそ235日の妊娠期間を経て分娩に至る。この実験では妊娠201日目から条件づけを開始した。

実験では、妊娠中のチンパンジー・パンと田中さんが一緒に実験ブースに入り、田中さんがパンの機嫌を取りながら、プローブ、スピーカー、振動装置をパンの下腹部に取り付けた（図37）。実

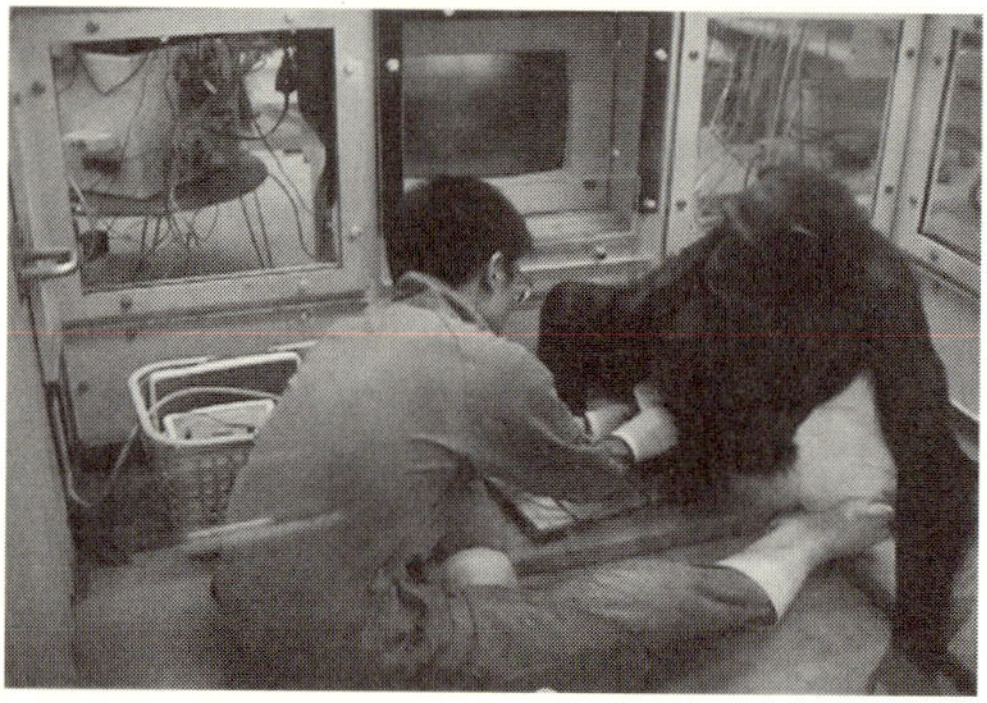

図37……パンのお腹の中で条件づけを受けるパル

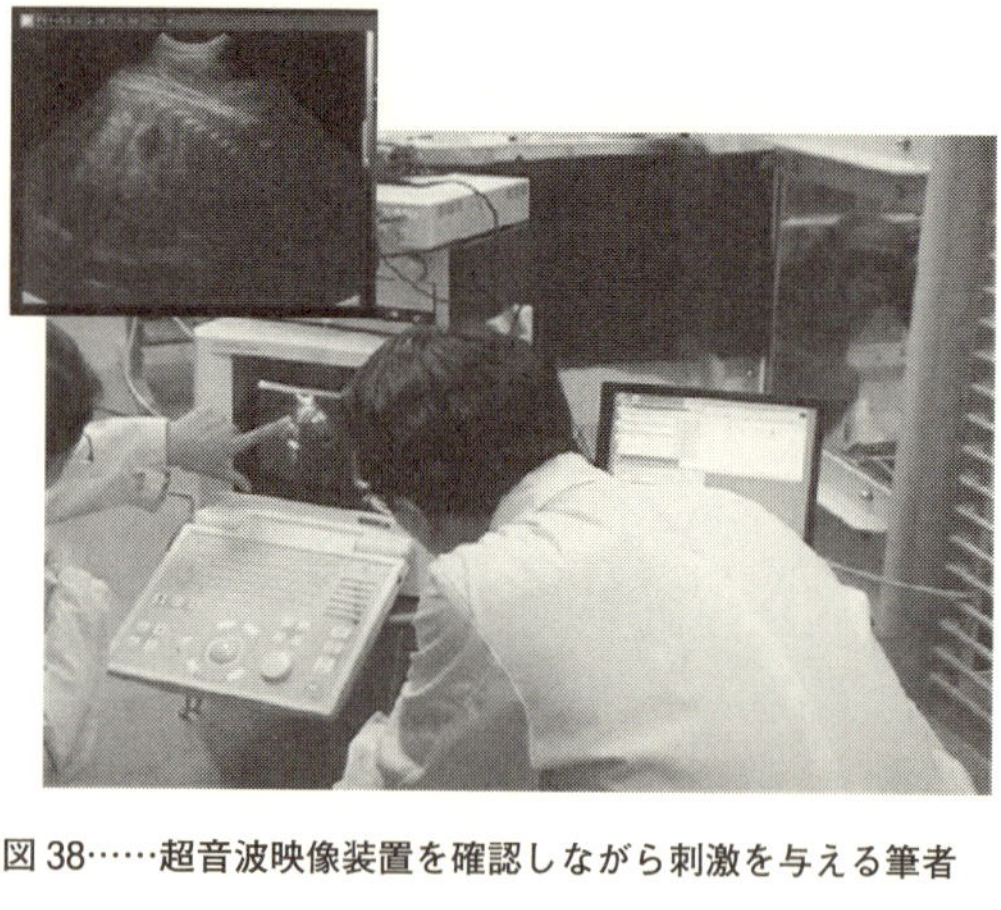

図38……超音波映像装置を確認しながら刺激を与える筆者

験ブースの外側には私たちがおり、超音波映像装置によって胎児の位置や動きを観察しながら、タイミングを見計らって刺激を与えた（図38）。

実験では2種類の音と振動刺激をパンのお腹から胎児に与えた。この振動刺激は害のあるものではなく、胎児の健康状態を調べるための医療機器である。健康であるなら、振動刺激によって驚かされた胎児は子宮内で激しく動く。一方の音（５００ヘルツの純音）をパンの腹部から聞かせた後には、必ず振動刺激も与えた。しかし、他方の音（１０００ヘルツの純音）を聞かせた後には何も呈示しなかった。このような手続きを、妊娠２３３日目で生まれるまでに、合計１５６回行った。

パルは生まれてから母親のパンに育てられたが、さまざまなテストのために、生後1か月（33日齢）と2か月（58日齢）の時点で、それぞれ1時間ほど母子を分離し、パルだけでテストを行った。パルはテスト以外の時には、２つの純音を聞くことはなかった。

テストでは、パルを広いベッドの上に寝かせ、順序が偏らないようにして、胎児期に聞かせた2種類の音を与えた。その結果、パルは振動刺激の信号だったほうの音を聞いた時にだけ、驚いて激しく動いた（図39）。これは胎児の時に、その音が母親のお腹の中で与えられた振動のイメージを

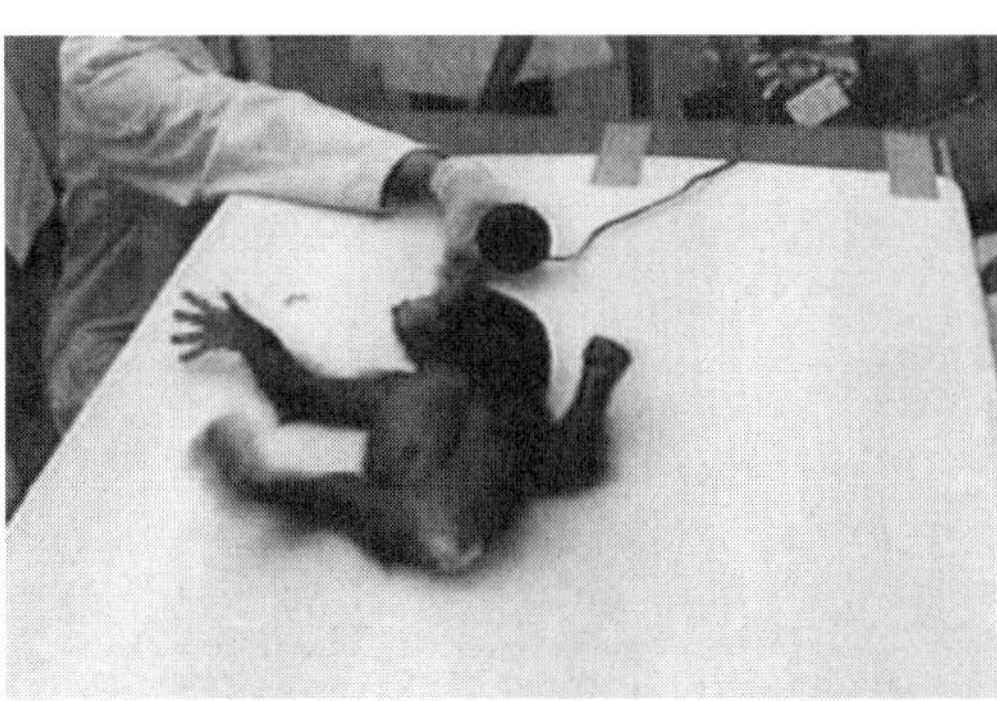

図39……音を聞いて驚くパル

喚起するようになっていたためだと考えられる。しかし、もう一方の音に対してはほとんど反応がなかった。これらの反応の違いを、時間的に隣接する画像の量としてどれだけ異なっているかを計算した（図40）。その結果が図41に示されている。

条件づけを経験していない同じ年齢の別のチンパンジー（ピコ）や、やはり条件づけを経験していない4か月齢のチンパンジー（クレオ）に同じように音を聞かせても、どちらの音にもまったく反応を示さなかった。すなわち、500ヘルツの純音という刺激が、パルが示したような反応を無条件に引き出すわけではない。パルの反応は、胎児だった時に500ヘルツの音と振動の関係を学習し、その音が振動をイメージさせるようになった結果といえる。

別のいい方をすれば、チンパンジーはすでに胎児の時に2つの音を聞き分けて、そのうちの一方の音と振動刺激の間の関係を学習したのである。胎児が、子宮の外からの刺激に対して関連づけの学習を成立させることを示したのは、世界中でこれが初めてのことだった（Kawai et al., 2004）。

パルが学習したことを記憶していた期間の長さも注目に値する。一般的にヒトの乳幼児の記憶は非常にもろい。ヒトの乳児に対する一般的な記憶課題では、3か月児の乳児であっても1週間しかおぼえていない。それに比べると、パルが胎児だった時に学習したことを2か月間もおぼえていたのは、かなり長いといえる。

これは、パルが一般的なヒトの乳児より記憶力がよい、というわけではない。おそらくヒトの乳児の研究で通常用いられるものに比べて、パルに使った刺激が強く、条件づけの回数も多かったた

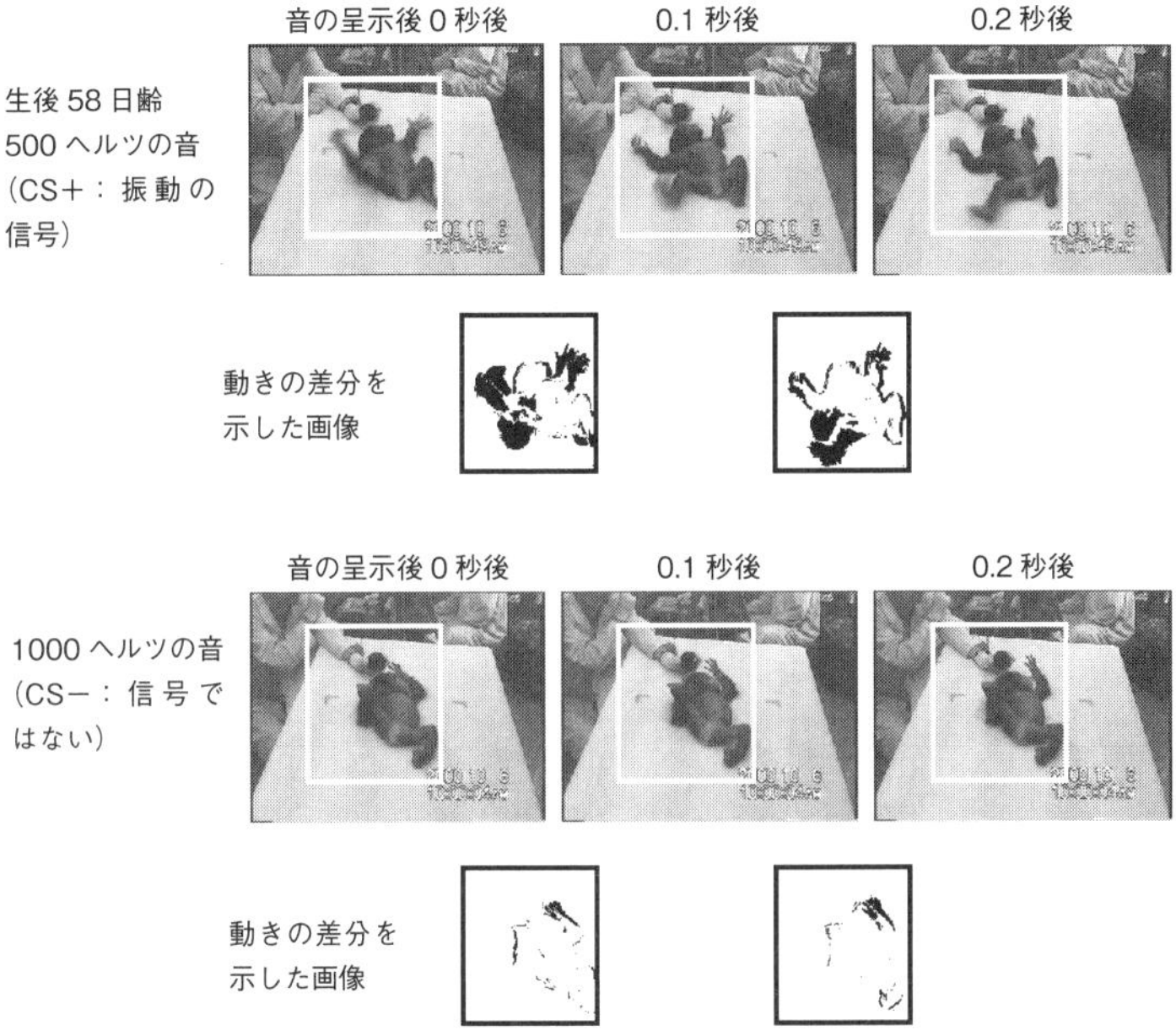

図40……パルの運動の差分画像

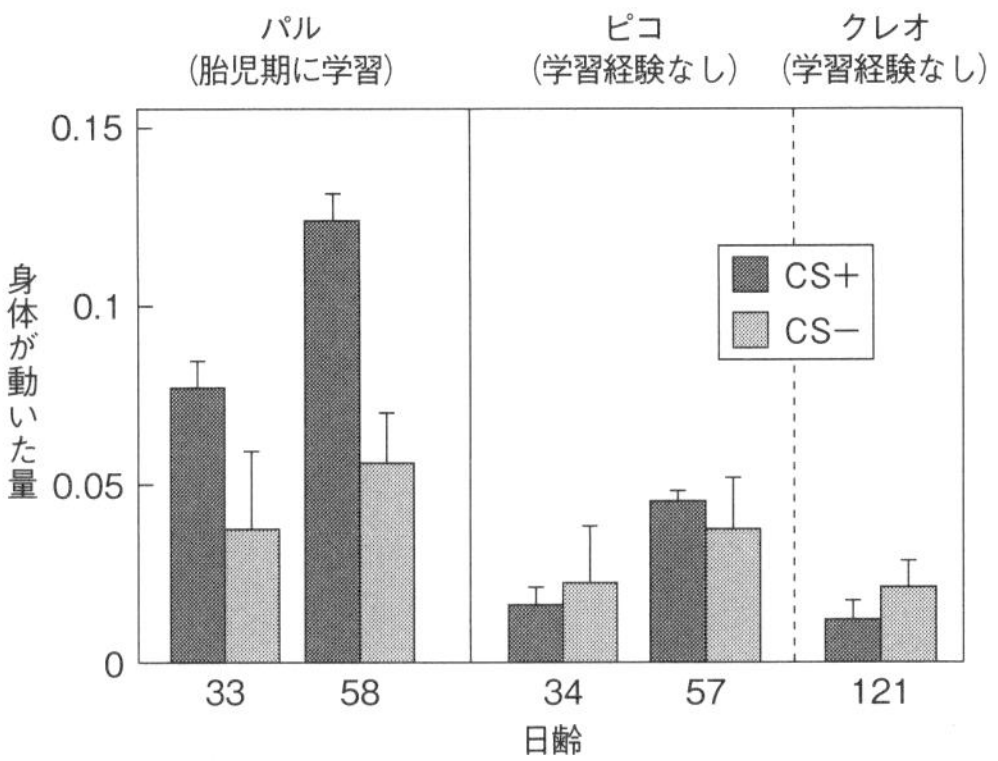

図41……パルの条件反応

めに強固な記憶が形成されたのだろう。ヒトでも同じようにすれば、そのくらいはおぼえていると予測される。

胎教という言葉があるが、ヒトでもお母さんのお腹にいる時から、学習は十分に可能だと考えられる。

カエルはオタマジャクシの記憶をもつか

胎児期の記憶と関連して興味深い実験があるので紹介しよう。個人によって差があるが、通常私たちは3歳以前の記憶がない。これを「幼児期健忘」というが、その説明の代表的なものとして、次のような考え方がある。それは、乳幼児期には長期記憶への書き込みに重要な海馬という脳の部位が十分に発達していないために長期記憶が形成できない、というものである。何らかの理由で海馬に傷害を受けた人がそれ以降のことを記憶できなくなることなどから、その考え方はもっともらしいと思われるが、3歳以下の子どもの海馬がどの程度の機能をもっているかはわからない。そこで、ラルフ・ミラーらは別の方法で幼児期の記憶と神経系の関係を調べた。

ミラーらが実験の対象としたのは、アフリカツメガエルという生物学の実験ではよく用いられるカエルである。正確にいえば、ミラーが調べたのはアフリカツメガエルのオタマジャクシである。オタマジャクシの時におぼえたことをカエルになってもおぼえているか?ということを調べたのである。

さて、どうなっただろうか？　もし、神経系が未発達であることが記憶できないことの原因なら、カエルはオタマジャクシの頃の記憶をもっていないはずである。なぜなら、オタマジャクシがカエルになる時には、身体だけではなく神経系も大いに発達するからである。逆にいえば、カエルの立場からすれば、前・後肢さえないオタマジャクシの神経系は、かなり未熟なものである。また逆に、オタマジャクシは、尻尾のようにカエルになってからは使わなくなる部位や、それを制御する神経系も備えている。オタマジャクシの頃の記憶を、カエルはもっているのだろうか。

それを調べる実験は、ちょうどザリガニの実験で使ったような、外壁を白と黒の2つの区画に塗り分けた水槽を用いて行われた。オタマジャクシは、最初に黒い区画に入れられた。信号が呈示されてもそのまま黒い区画に居残っていると微弱な電気が与えられた。このような回避学習は、カエルやネズミといった脊椎動物だけでなく、ザリガニでも学習することを述べた。アフリカツメガエルのオタマジャクシは、35日の期間を経て若いカエルへと変態するので、オタマジャクシの時に学習させて、35日後にそれをおぼえているかがテストされた。35日間もたてば大人のカエルであっても忘れてしまうかもしれないので、念のために別グループの大人のカエルも学習してから35日後にテストを受けた。その結果、学習した時の状態（オタマジャクシかカエルか）にかかわらず、35日後のテストでしっかりと記憶していた。すなわち未発達な神経系でも長期的な記憶が形成できることが示されたのである。

幼児期健忘が生じる原因は、幼児期の神経ネットワークが、未発達であるために学習や記憶が弱かったからではなく、後に発達したネットワークに飲み込まれてしまったからだと考えられている。小さな生け垣の周りに急速にジャングルが育成すれば、もとの生け垣を見つけることが不可能なことに似ている、と私は解釈している。

ヒトは未熟な状態で生まれてくると考えられているが、ネズミはさらに未熟な状態で生まれてくる（眼や耳はまだ開いていない）。成長は早く、生後約20日で離乳するが、ネズミの脳は少なくとも出生後30日間は成長を続ける。記憶に重要な海馬の顆粒細胞は離乳前の時期に分化する。またこの時期では、ネズミの大脳皮質でニューロン間のシナプス接合の形成がはじまる。この時期以前の生後15日齢のネズミは、生後35日齢のネズミと同じように学習できるが、生後15日齢のネズミは2週間後には学習したことを完全に忘れてしまう。つまり、私たちが3歳以前のことをおぼえていないのと同じように、幼い時のことを忘れてしまう。

しかし、ネズミとよく似たモルモットは、すでに生まれた時から行動的にも神経的にも成熟しており、生後2、3日で急激な発達を遂げる。したがって、ネズミと同じ状況でモルモットが学習すれば、最初にどれだけ学習したかにかかわらず、5日齢群（子ども）と100日齢群（成体）のモルモットが75日後に再学習した時の成績は、ほぼ等しい。モルモットは、生まれて5日もたった後では、神経系はもうそれ以上発達しないので、かつて記憶したことが新たな神経ネットワークに飲み込まれて思い出せないということがないのである（図42）。

ネズミの子どもは保持テストで忘却を示したが、モルモットは75日後でも、また最初の訓練でど

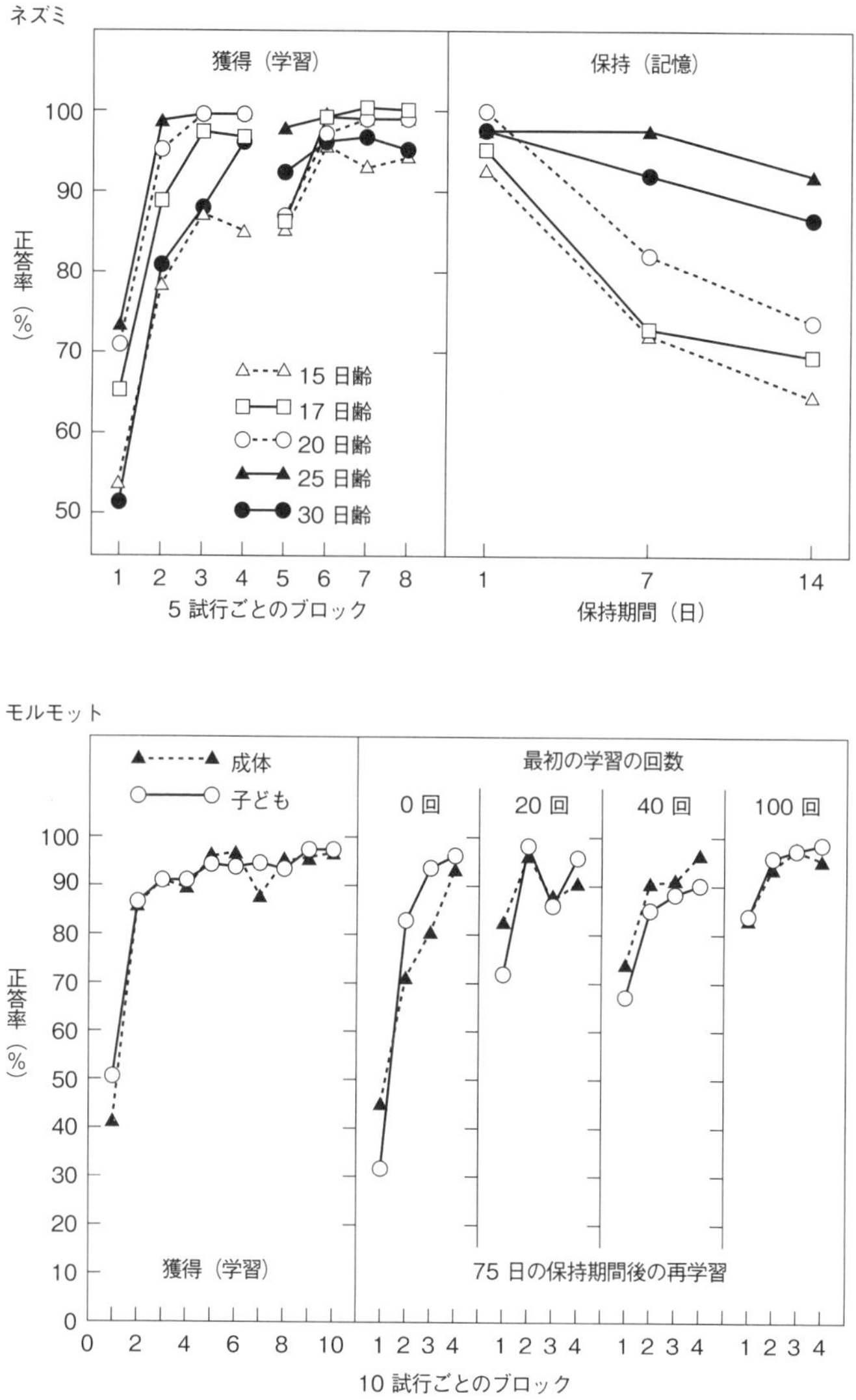

図 42……ネズミとモルモットの成績の比較
（Cambell et al., 1974 より改変）

れだけの試行を経験しても、成体と同じくらい記憶していた。ひとつの説明として、脳がいつまでに発達を終えるかが幼児期健忘と関係していると考えられる。

【引用文献】

Cambell, B. A. et al. 1974 Species differences in ontogeny of memory : Indirect support for neural maturation as a determinant of forgetting. *Journal of Comparative & Physiological Psychology*, 87, 193–202.

Kawai, N. et al. 2004 Associative learning and memory in a chimpanzee fetus : Learning and long lasting memory before birth. *Developmental Psychobiology*, 44, 116–122.

Column❸

動物の学び方

最初に報告された野生のサルの知的な行動は，イモ洗い行動の伝播だろう。宮崎県の幸島で，サルがイモについた砂を海水で洗って食べること，またその行動が集団内ですぐに伝わったことが発見された。この「文化」ともいうべき行動の伝播は重要である。なぜなら，それぞれの個体がいちいち学習しなくても，ある集団の誰かが何かを学習しさえすれば，他の個体はそれを模倣すればよいからである。

私たちが現在使っている言葉や文字，道具の製作方法，農耕の技術などを，生まれてからいちいち試行錯誤によって学ばなければならないとしたら，どれだけのコストがかかるだろうか？

今では，サルのイモ洗いの伝播は模倣によるものではないと考えられているが，模倣は現在もっとも重要な研究トピックのひとつである。実はチンパンジーでさえ模倣は限定的で，ヒト以外の動物が自然の状況で模倣することはほとんどない，と考えられている。

また，類人猿を含め，ヒト以外の動物が他個体に積極的に「教える」こともない。実は「教える」ことは非常に難しく，相手の知識の状態を理解し，目標となる知識や技能を効率よく分解して伝えなければならない。ちょうど，弟子が師匠のやっていることを見てみずから学ぶ徒弟制のように，動物は，子どもの時に親や集団内の大人から「学ぶ」ことはあっても，大人が子どもに教えることはない。

私の先生は忙しい人だった。大学院に入った頃には副学長をされており，学部長を経て，そのまま学長になられた。そのため，自分で学ぶことが多かった（私の学生のように，自分の目の前にあるモニターのサイズを，電話をかけてきて私に聞くということなど考えられなかった）。

先生から細かく指導されなかった分，好きなことをさせてもらえた。いま考えるとありがたかったと思う。動物の学習の研究室というだけあって，動物的な教育システムを採用されていたのかもしれない。

第4章……陸に上がった動物たちの認知
——情報の取捨選択

積み重なるモジュール

「ヒト以外の動物の知性に違いはない」と主張する研究者もいる。さまざまな制約があるものの、センチュウでさえ可能な学習の基本的なメカニズムに違いはないのかもしれない。しかし、多くの比較心理学者は、動物の種類が異なれば学習の性質は異なる、との立場をとっている。私は脊椎動物の、魚類から両生類へと進化し、さらに水から遠く離れて暮らせるようになった鳥類や哺乳類へと進化する過程で、学習の様式がより複雑になったと考えている。しかし、学習の様式が質的に変わったというよりは、ちょうどサブサンプション・アーキテクチャで見たように、そこでも共通の基本設計に別のモジュールが積み重なって「複雑」になっているようだ。そのことを模式的に表したのが図43である。以下に、魚類から哺乳類への進化の過程で、基本的なメカニズムに付け加わったと考えられるモジュールを見ていこう。

注意と学習——経験によって作り出される情報のフィルター

パブロフが行ったような単純な実験では、ベルの音が食物の信号で

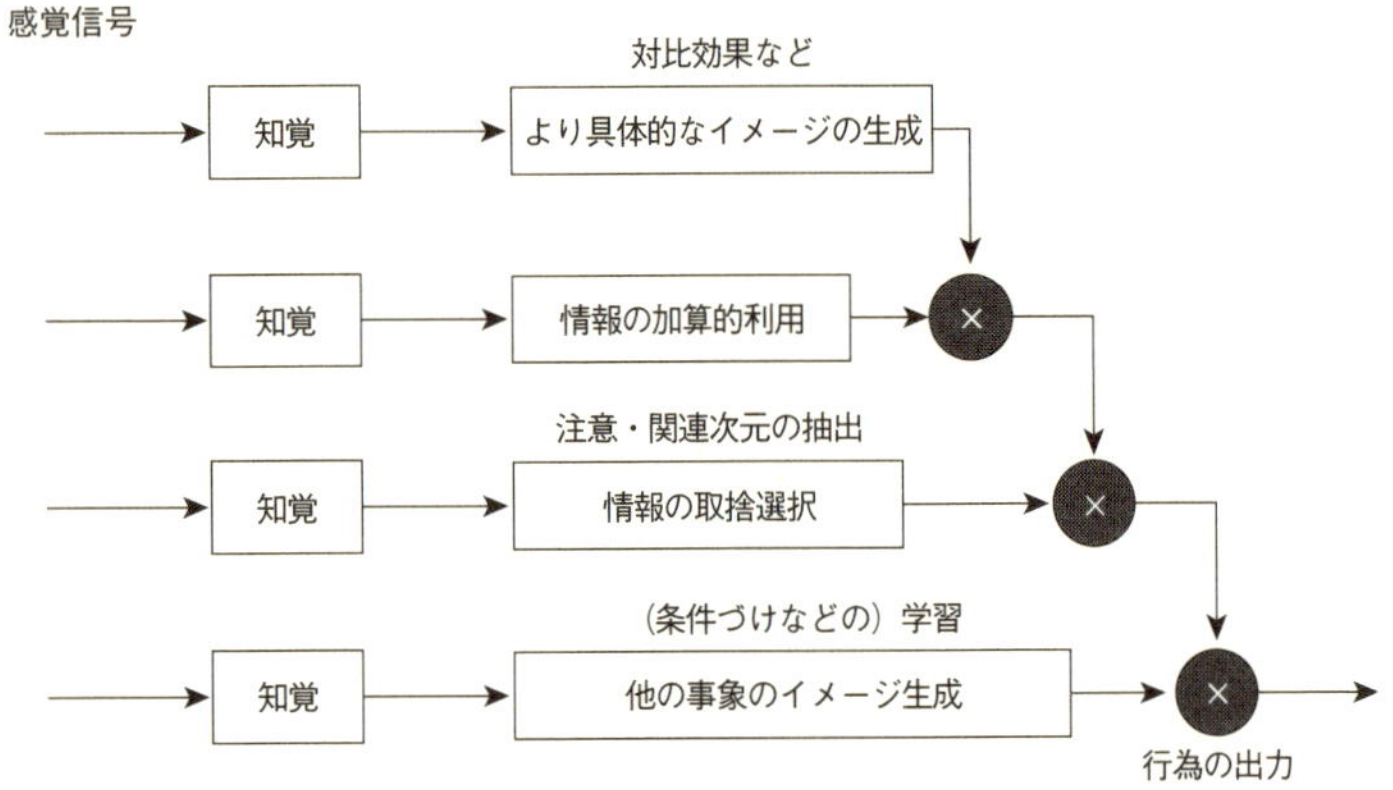

図 43……脊椎動物の学習に付け加わったと仮定しているモジュール

あるのは明らかだった。逆にいえば、実験室での実験は、余分な刺激がまったく入らないようにして行われる。しかし、私たちを取り巻く環境には、非常に多くの雑多な刺激が存在している。捕食動物の襲来などの重要な出来事が生じた時には、その手がかりとなるような刺激が同時に多数存在していることもある。現実の環境では、さまざまな音、におい、光景などが絶えず変化しており、たまたま重要な出来事があった時に、どの刺激変化が重要な出来事を予報していたかを判別するのは、たやすいことではない。

だからといって、その時に存在していたすべての刺激と関連づけて学習するのは効率的ではないし、本当の信号でないものに対しても学習が成立してしまう可能性がある。情報処理の効率を考えれば、最も有効な手がかりとだけ重要な出来事を関連づける必要がある。

そのような要請のためか、脊椎動物の中でも比較的遅く出現した動物（鳥類と哺乳類。図44）は、無駄な信号を無視する能力を手に入れた。このような刺激の選択性を「注意」という。学習という情報の獲得過程に、いわば不必要な情報を取り除く「フィルター」が加わったのである。

おやなんだ反射——反射としての注意

注意の起源は、ごく単純な反射に求めることができる。動物が、環境の中で何らかの刺激の変化を検出すれば（珍しい光景や音を見聞きすれば）、たとえほかの活動を行っていても、動物はその新奇な刺激に注目する。この単純な反射を「定位反射」という。

私たちが突然の物音に振り返ったり、驚いたりするのがこれに当たる。定位反射によって、遂行中の行動を中断し、注意をそちらへ振り分けることで、予想外の事態に対処できる。動物は環境の刺激の変化に敏感でなければ、襲ってくる動物から逃げることはできないし、逆に獲物を捕まえることもできない。

「馴れ」

しかし、いつまでも同じ刺激に対して定位反射が生じるわけではない。どのような生物でも、同じ刺激が何度もやってくれば、やがてその刺激に対して「馴れ」が生じる。おそらくこれは、注意

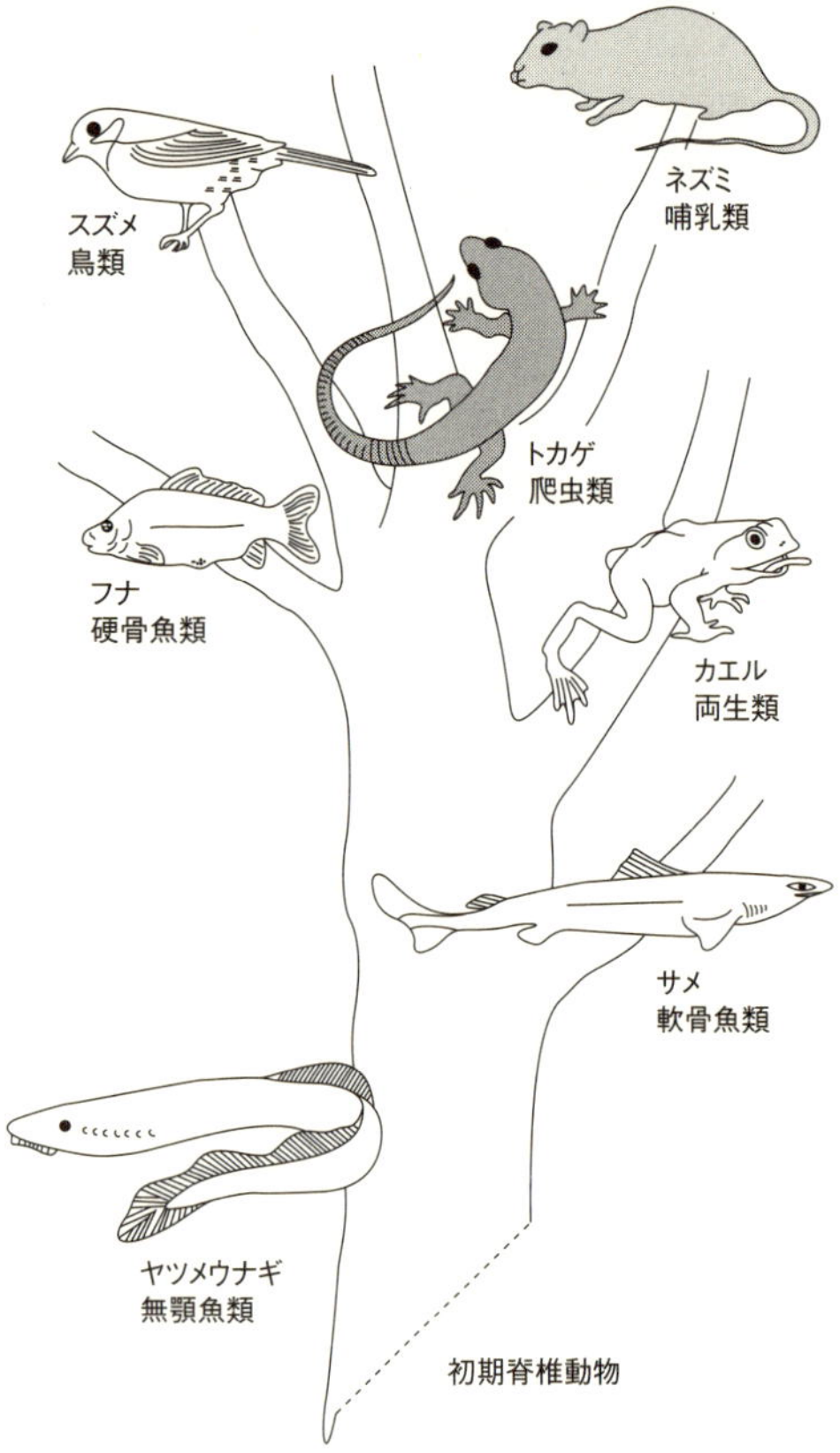

図 44……脊椎動物の系統樹
（Romer & Parsons, 1977 より改変）

を向けるコストを下げるためだろう。馴れは、定位反射と表裏一体で、定位反射には必ず馴れが生じる。馴れもまた、不要な刺激には注目しなくなるという、一種の注意なのである。

しかし、馴れはある程度の時間がたてば消失する。つまり、しばらくその刺激を経験しなければ忘れてしまい、また次回に新たな馴れがはじまる。馴れは一時的な役割しか果たさない。そこが、次に述べる潜在制止と異なる点だ。

「フィルター」をもたない魚類の学習

脊椎動物の進化の過程で、馴れと同じような機能（モジュール）が学習のシステムに付け加わった（図43参照）。馴れは、単に定位反射を抑制する役目から、重要ではない刺激をふるい分けるためのフィルターとして機能するようになったと考えられる。

無駄な刺激を積極的に無視し、その刺激には重要な事象のイメージを与えないようにする。このように、選択的にフィルターをかけることを「潜在制止」と呼ぶ。その潜在制止は、脊椎動物の中でも脳に皮質が形成されるようになった鳥類や哺乳類にしか観察されない。魚類や両生類では、いまだにこの現象は確認されていない。進化の過程で学習のメカニズムに付け加わったこの現象を、少し詳しく見ていこう。

純真な魚類と疑り深い哺乳類――注意機能の追加

潜在制止の現象は、オオカミ少年の例を挙げるとわかりやすい。ある時、少年が「オオカミが来た」と警告を発する。村人は驚いて逃げ回るが、結局オオカミはやってこない。おもしろがった少年は何度も同じ警告を発する。しかし、次第に村人たちはその警告に対して驚かなくなる。まさに定位反射に馴れが生じたのだ。しかし、それだけではない。その後、実際にオオカミが来た時に、村人たちは少年の警告を信じようとはしなくなるのだ。

実験的には、次のような現象になる。たとえば、最初にパブロフがベルを鳴らすが、食物を与えなかったとしよう。そのことを何度も繰り返せば、後になってパブロフがベルを鳴らしてイヌに食物を与えるようになっても、そのイヌはなかなかベルの音に対して唾液を出すようにならない。最初の経験でベルの音を無視することを学習し、その結果、簡単には重要な出来事（エサ）のイメージを結びつけないようになったのだ。

哺乳類や鳥類にとっては当たり前の潜在制止が魚類に見られないことをはっきり示したのは、獅々見照先生（広島修道大学教授）である。まず魚類の代表的な実験動物であるキンギョに、ある刺激（たとえば光）だけを延々と160回も繰り返して呈示した。それから、光刺激と電気ショックの条件づけを行った。哺乳類なら、わずか20回も光刺激だけを先に呈示しておけば、後の学習が遅れる。しかし、サカナは疑うことを知らないのか、光刺激がキンギョにとって重要な出来事（シヨック）の信号となった途端に、それまでのことがなかったかのようにすばやく学習した。ショックの代わりに食物を用いた条件づけなども試みられたが、それでもキンギョには潜在制止が見られなかった。（図45。弁別による白丸同士の分岐パターンと、黒丸同士の差の開き方のパターンに差がない。潜在制止が生じていれば、黒丸の分岐が遅れる）

刺激に共通する情報を見抜く哺乳類

前期脊椎動物（魚類や両生類）と後期脊椎動物（鳥類や哺乳類）の違いは、単に不要な刺激を無視するかどうかだけではない。哺乳類や鳥類は、刺激の特定の属性だけを選択的に無視することができる。しかし、サカナはそれをしない。

すこし難しい次の課題について考えてみよう。これまでとは異なり、刺激は2つの次元（属性）で構成されている。動物がすべきことは、与えられた2つの刺激のうち、どちらが正解かを見分けることである。たとえば、刺激の属性が色（赤か黄）と線分の傾き（縦線か横線）であるならば、組み合わせてできる刺激は全部で、赤と縦線、赤と横線、黄と縦線、黄と横線、の4つである。ここで、赤と縦線、赤と横線が正解で、残り2

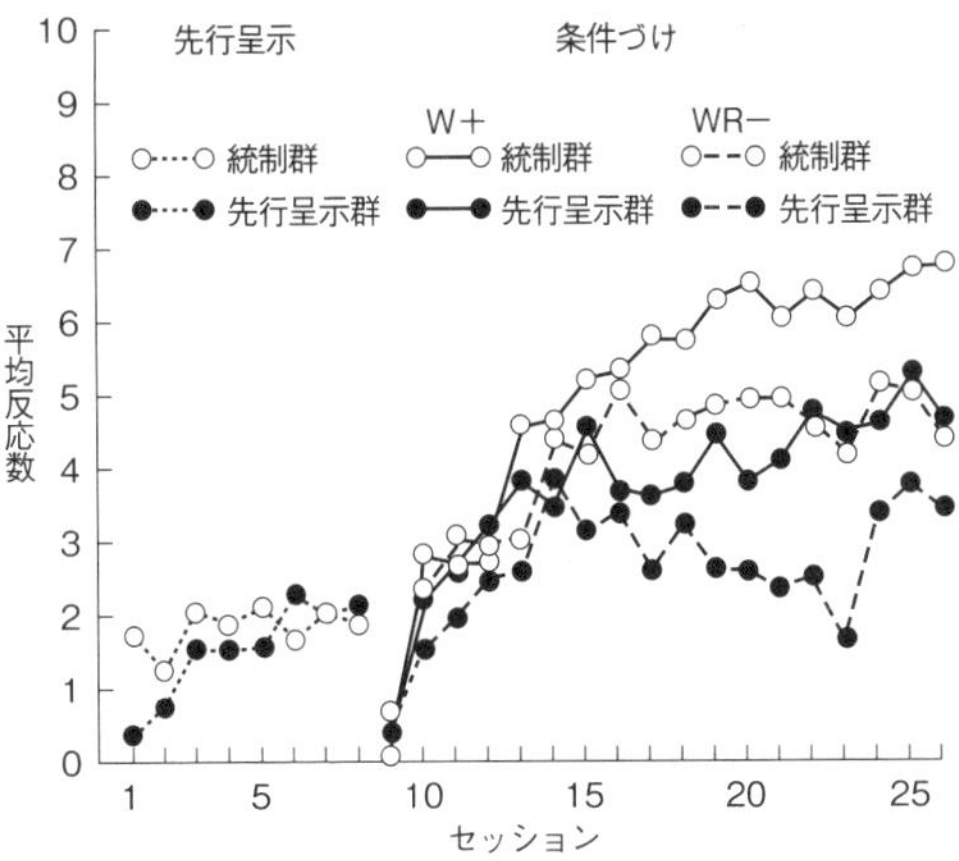

図45……キンギョに刺激を非強化で先に呈示した後の弁別学習（Shishimi, 1985 より改変）

つが誤りであるなら、私たちは赤色が正解であるということだけでなく、この問題では色という属性が重要であるということも同時に学習する。すなわち、個別に「赤＋縦線」と「赤＋横線」の刺激がエサの信号であるということだけでなく、刺激に共通するさらに詳細な属性の情報（つまり「色」が重要）まで学習するのである（図46）。

　そのことは、続く課題での成績から証明される。先の課題に続いて、今度はさらに別の2つの色（緑と青）と、2つの線分の傾き（右斜線と左斜線）で刺激を構成する。組み合わせてできる刺激は、緑と右斜線、緑と左斜線、青と右斜線、青と左斜線、の4つである。サルやネズミなどの哺乳

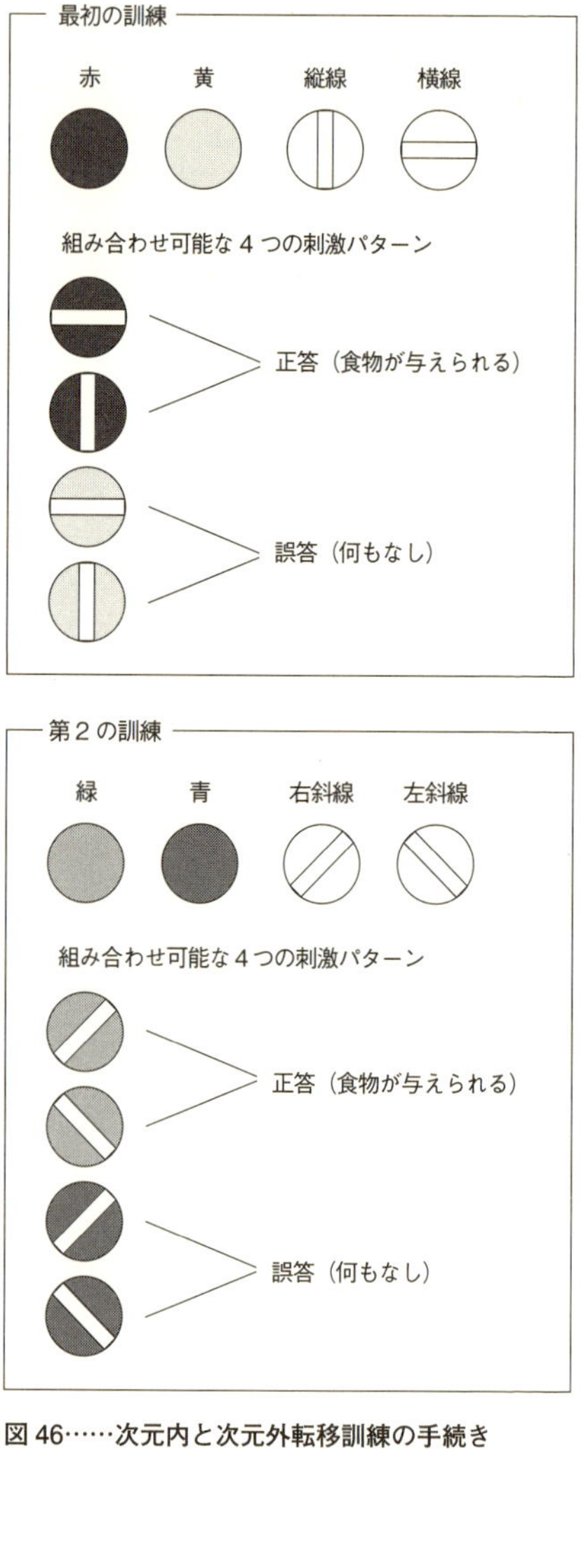

図46……次元内と次元外転移訓練の手続き

類は、緑と右斜線、緑と左斜線が正解である時にはすばやく学習するが、逆に緑と右斜線、青と右斜線が正解である場合には、学習が非常に困難になる。これは、最初の段階で「線分の傾き」を無視するようになったために、今度は訓練の第2段階で「線分の傾き」が関連するようになっても、それに注意を向けられず、学習が困難だったと解釈される。逆に「色」が関連次元である場合には、最初の訓練を経験していない個体に比べて学習が促進されるが、それは、最初の訓練で「色の次元」に注目するようになったためである。

サカナ（キンギョやサケ）はこれらの難しい2つの課題を学習するが、2つ目の学習に重要な刺激の属性が最初と同じ次元のもの（色）か、最初は無視すべきもの（線分の傾き）であるかにかかわらず、2つ目の学習をする速度に違いはない。つまり、最初の学習訓練で、色の次元に注目したり、あるいは線分の傾きを無視するということをしないのである。

このような注意のメカニズムは、現生哺乳類と鳥類の祖先で進化したために、それ以前に出現した魚類や両生類では利用できないと考えられる。では哺乳類と鳥類の共通の祖先である爬虫類ではどうなのか？　とても興味深いが、今のところそのことを調べた研究はない。

情報を加算的に利用する哺乳類と1つの情報しか使えない魚類

簡単なパターンの学習でも魚類と哺乳類の差異は見られる。エサがもらえる試行ともらえない試行が1試行ごとに交替すれば、何の手がかりがなくてもネズミはすぐにそのパターンを見破り、エサのない試行ではサボって反応しなくなる。関西学院大学の武部真理子さんと一緒に行った研究では、ネズミがどのくらいうまくエサの大小のパターンを見破るかを調べた。リスがよく回しているような回転カゴを用意し、2回転以上回せばエサが自動的に与えられるよう装置を作った（図47）。あるグループのネズミはカゴを回転させれば6粒と1粒のエサが交互に与えられた。ネズミがこのパターンを見破れば、1粒のエサが与えられる時にはゆっくり走るはずだった。

　エサの量が交互に与えられること以外にエサの量に関する情報がなかったグループの結果（図48右上のパネル）を見れば、最終的に6粒の時の速度（○）が1粒の時の速度（●）を上回っているのがわかる。しかし、与える順はバラバラだが、6粒の時と1粒の時に別々の信号でエサの量が知らされたグループは、より早く走行速度に差が生じている（左下のパネル）。さらに興味深いのは、エサの順序とエサの量の信号の両方の情報が与えられたグループである。そのグループの走行パターンは図48左上のパネルに示されている。6粒と1粒のエサが交互に与えられ、かつそのエサの量が別々の刺激で

図47……回転カゴ装置

信号されたこのグループは、驚くほど早くエサの量の違いを見分けている。つまり、両方の情報を加算的に合わせた結果、このようなすばやい区別ができるようになったのである。

これらの実験結果は、ネズミがエサの量についてどれだけはっきりとイメージをもてるか、ということの違いを反映している。前の走行で何粒エサをもらったか、という記憶しか手がかりのないグループ（右上のパネル）は、30日の訓練でようやくその違いがわかるようになった。それに対して、目の前にエサの量の手がかり情報を与えてやると、その半分の日数でエサの量の違いをイメージできるようになった（左下のパネル）。さらに、目の前の手

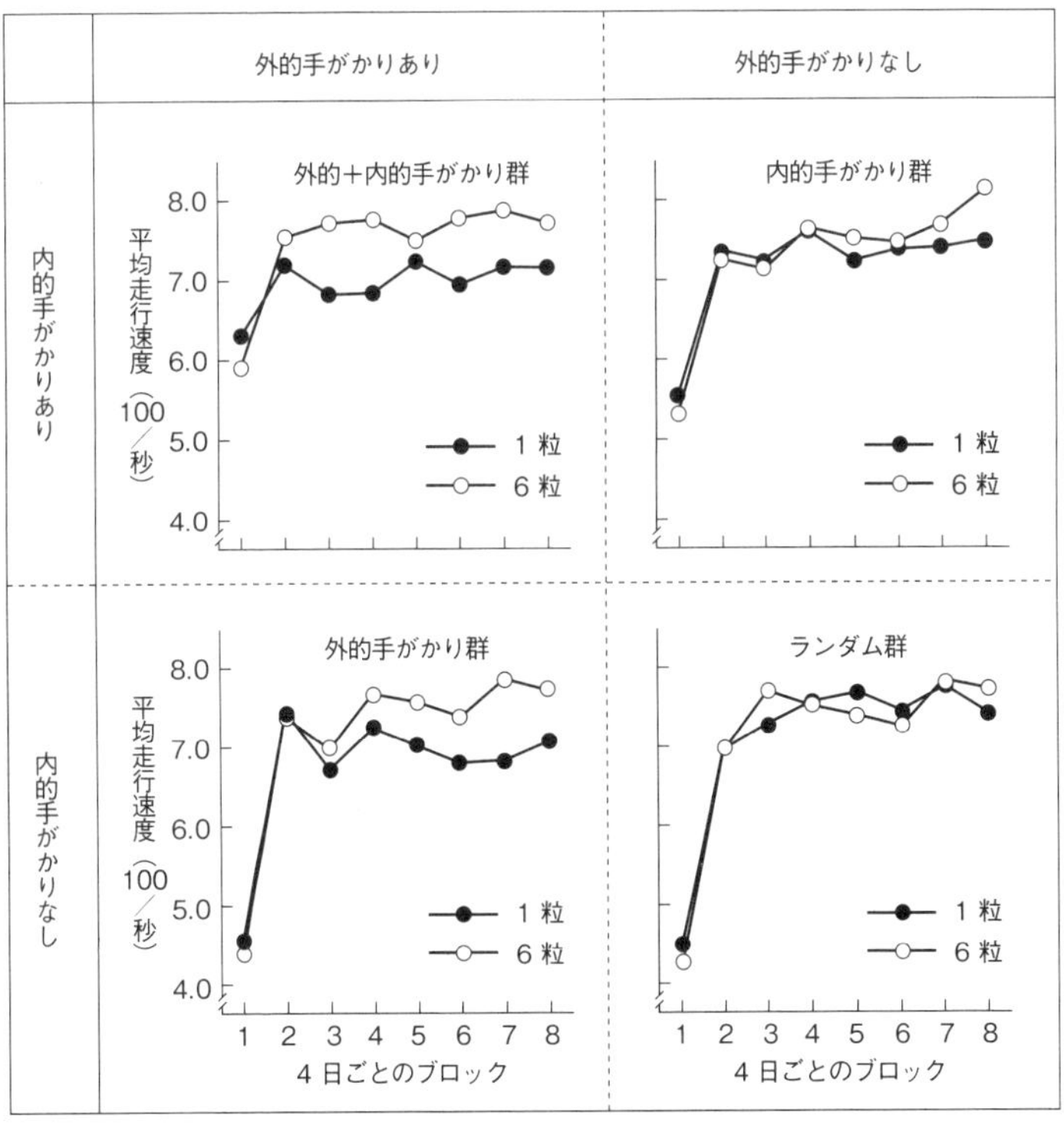

図48……エサの量の弁別実験の結果（Kawai & Imada, 1998）

がかりと記憶の両方が使える状態では、すぐにエサの量の違いをイメージできるようになった。

同じような実験をキンギョで行った研究では、キンギョは複数の情報を利用できる場合にも、いずれかしか利用しないことが示唆されている。図49は、ジュリア・ウォラスの結果の一部を示している。図の右端のパネルは、白色光がついた時にショックが与えられる試行と与えられない試行が交互にやってきた際に隣の区画へ逃げた反応率を示しているが、それを弁別するには時間がかかっている。それに対して、赤色光と緑色光でショックの有無を信号された時には、すばやい学習を示している（中央のパネル）。しかし、それらの両方が与えられた外的＋内的手がかり群の弁別の速度は、外的手がかり群と同じである（左端のパネル）。したがって、キンギョはそのような複数の情報を加算的に利用できないと考えられる。

明瞭なイメージの世界をもつ哺乳類

ネズミとキンギョの学習様式の違いは、手がかりとしていくつの情報を利用できるか、という量的な違いではない。むしろ重要な事象（エサの量やショックの有無）をイメージとしてもつ能力が異なるのだろう。私たちは、視

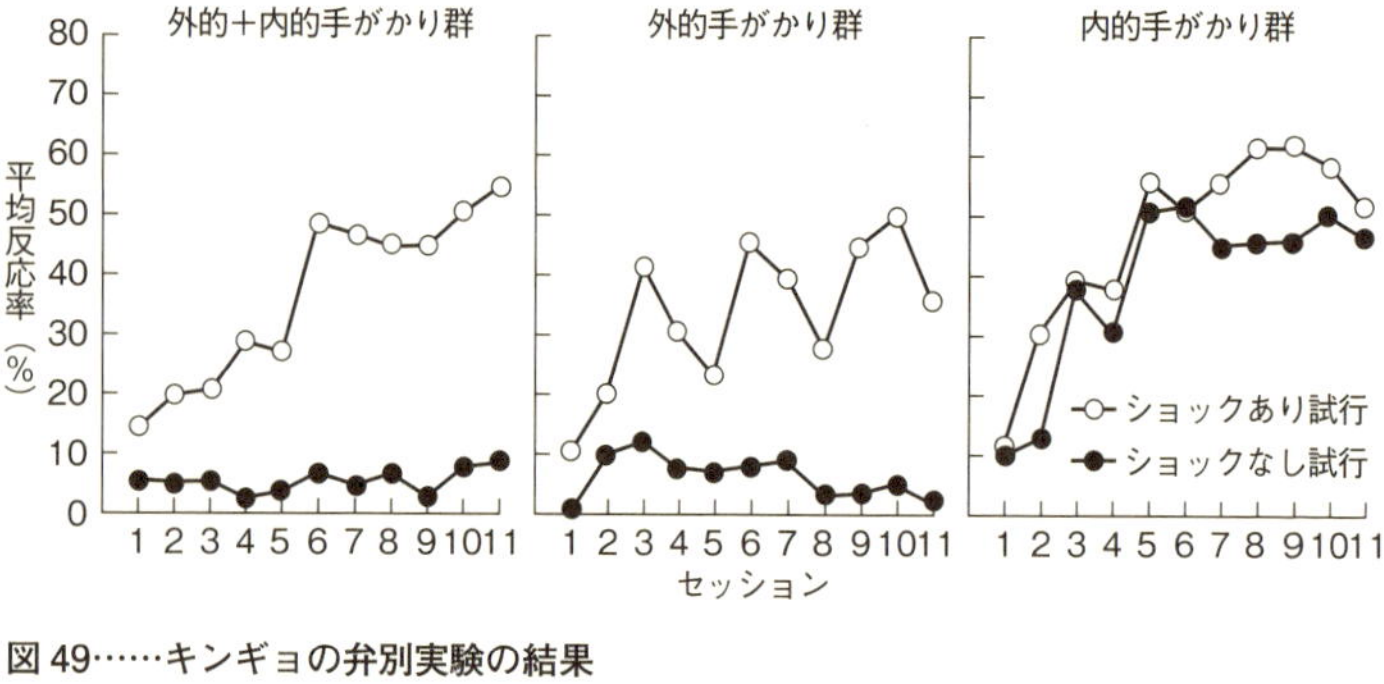

図49……キンギョの弁別実験の結果

覚や聴覚的なものはイメージしやすいが、味や温度をイメージとして再現することは難しい。サカナが学習によってもつイメージは、私たちが味や温度に対してもつイメージのように、（視聴覚的なものであれ）少しぼんやりしているのかもしれない。

ネズミもキンギョも、ともに何かをすればエサがもらえるということを学習するが、さらに一歩進んで、哺乳類は手がかりとなる刺激間に共通性を見つけ、みずからの記憶に基づく手がかりも利用し、重要な情報に関するはっきりとしたイメージをもつ。このような明瞭なイメージの世界が、哺乳類や鳥類と魚類や両生類を分けるものかもしれない。そのようなイメージの世界こそが、私たちが考える「心」の起源なのかもしれない。

こりない魚類となまける哺乳類

魚類は、エサの量のパターンに合わせて行動を変化させない。エサが少ないことがわかっていても、そこにエサがありそうなら（あることが知らされているなら）、とにかくそこに行く。それに対して哺乳類は、あまり好ましくないことがわかっている時には、どちらかというと嫌々反応する。

さらに、哺乳類は期待（イメージ）していたものとは違った時に、大きな行動の変化を示す。たとえば私たちは、これまで多くの報酬を得ていたのに、ある時から突然報酬が減ったり、得られなくなればどうするだろうか。とても気落ちするだろう。ある時には、怒り、また悲しむかもしれないが、いずれにしても不快な感情を経験する。『人は悲しみで死ぬ動物である』（ガリー・ブルーノ・シュミット）というタイトルの本があるように、まさに私たちの生活において、期待したことが達成されない時には、多大なストレスを感じる。期待というのは学習の結果として生じるものだが、期待を裏切られた時にがっかりするのは、脊椎動物の中でも哺乳類だけであるようだ。それは次のようなことから示される。

落ち込む哺乳類

図50を見てほしい。これは、関西学院大学の頃安敦子さんとの共同研究の結果である。空腹のネズミに蔗糖水（砂糖水）を与えると、カロリー（栄養価）があるので、空腹なネズミは一生懸命飲むようになる。図50は、ネズミが5分間にどれだけなめたかを示している。図の左側に、32％の蔗糖水を与えたグループと4％の蔗糖水を与えたグループを示した。濃度が高いグループほど勢いよく飲む（ネズミも甘い水を好む）。そして、縦の線が引かれているところから、32％の蔗糖水を飲んでいたグループの1つは、濃度が4％にされた。

ここで摂水回数が急激に減少し、もともと4％の蔗糖水を飲んでいたグループよりもはるかに低い値になっている。ここでは2つのグループは物理的には同じ濃度の蔗糖水が与えられているにも

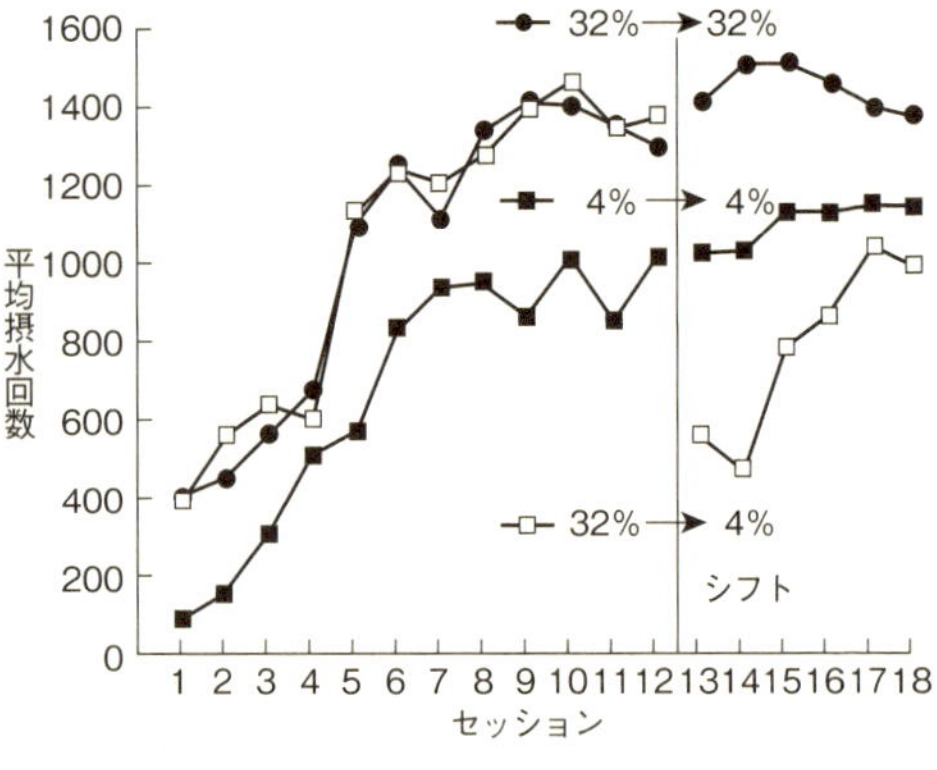

図50……負の継時的対比効果の結果

かかわらず、これらのグループ（32%→4%、4%→4%）で大きな違いが現れた。これは、過去に甘い蔗糖水を飲んでいたネズミのイメージと現実の水の甘さとのギャップによって生じたものだ。学習を通じて形成された期待（イメージ）が崩れたことで、変化した後も甘い水を飲んでいるにもかかわらず、「がっかり」したのだ。32万円だった給料がある時から突然4万円になれば、誰だってがっかりするだろう。哺乳類の動物たちも同じようにがっかりする。その結果として、ネズミの摂水回数が急激に減少したのだ。このような急激な落ち込みは、たとえエサが32粒から4粒に減らされても、サカナでは見られない。

ニホンザルの研究から、このような報酬の量を符号化するニューロンが、前頭前野の外側部にあることがわかっている。

哺乳類だけが「がっかり」する

そのほかにも、多くの（またはより好ましい）報酬を予期していたのに突然少ない（またはより好ましくない）報酬へ変えられればがっかりすることが、ヒトの乳児、サル、ラット、マウスやオポッサムなどで報告されている。ネズミを用いた実験から、このがっかり効果はストレスの指標であるコルチコステロイド・ホルモンの高いプラズマレベルと相関していることや、ジアゼパムなどの不安緩解薬を投与することによって減じられることが示されている。

著名な比較心理学者であるマウリシオ・パピーニによれば、これまでのところ、哺乳類以外の脊椎動物で、このがっかり効果が検出されたことはない。図51は、さまざまな種を対象とした実験結果を、系統発生の関係に合わせて樹状に表したものである。これらの実験では、いずれも条件を等しくしているが、がっかり効果が観察されるのは哺乳類だけである。この図では、そのことを、報酬の量を変化させた後に遂行が沈み込む図として表現している。

他の脊椎動物でも、報酬量の違いによって行動は敏感に変化する。したがって、がっかり効果が生じないことを、動物が報酬量の違いを知覚できないせいにすることはできない。それらの動物は、期待した量を減らしても、「がっかりした」といえるような行動の落ち込みがなく、徐々にその量に見合った行動レベルになるか、あるいはまったく変化しない。

このようながっかり効果は、環境の状況が変わった時にすばやく行動を切り替えるのに役立つのかもしれない。すなわち、得られる資源（エサなど）が少なくなりつつあり、以前ほどの報酬が手に入らなくなった時に、不満を感じることで、まだ少しは報酬が手に入る状況をあきらめ、新たな

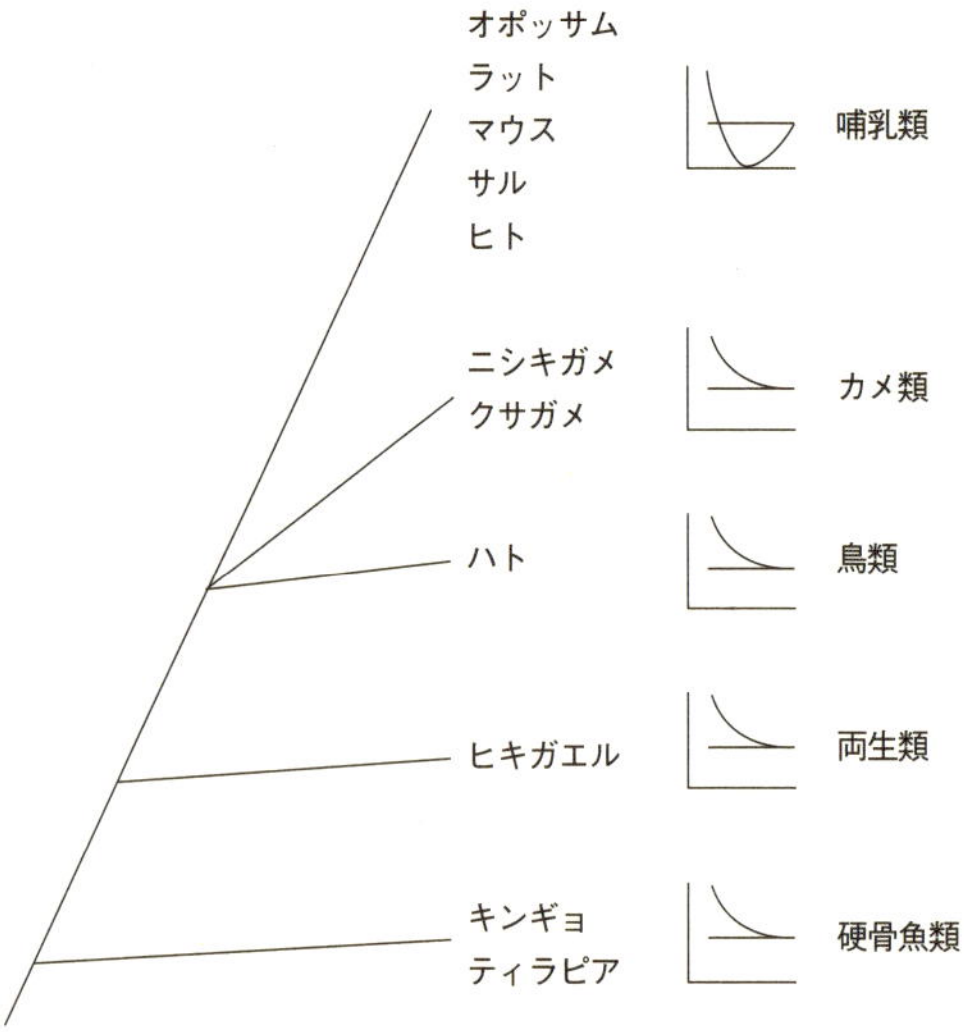

図51……負の継時的対比効果について，種間の分類上の関係を示した系統発生的な樹状図（パピーニ, 2005 より改変）

情報の獲得に向かわせるのかもしれない。実際、哺乳類はがっかり効果が生じる場所（実験箱など）から逃げ出そうとする。このような行動は鳥類でさえ観察されないので、このシステムは哺乳類において出現したと考えられる。

【引用文献】

Kawai, N. & Imada, H.　1998　Effects upon rats' responses on a running wheel of single alternation of large and small rewards and external cues. *Japanese Psychological Research*, 40, 117–123.

パピーニ　2005　パピーニの比較心理学─行動の進化と発達　北大路書房

Romer, A. S. & Parsons, T. S.　1977　*The vertebrate body*（5th ed.）. W. B. Saunders.

Shishimi, A.　1985　Latent inhibition experiments with goldfish（*Carassius auratus*）. *Journal of Comparative & Physiological Psychology*, 99, 316–327.

Column❹

知覚学習

世にエキスパートと呼ばれる人がいる。さまざまな業種で存在するが，それを職業としない人たちの中では，「野鳥の会」は最もよく知られたエキスパートの集団だろう。今では廃止されたそうだが，毎年「紅白歌合戦」で，勝敗を決めるために紅白のうちわを数えていた人たちである。

この人たちは視力がよいわけではない。野鳥を1個体ずつ見分ける能力をもっているのだ。私には同じにしか見えない電線のスズメも，彼らには1羽ずつ違って見えるらしい。これは「知覚学習」という過程によって成立する。似たようなものでも，何度も見ていると，ある時から個々の違いがわかるようになるという現象だ。知覚学習の対象は動物に限らない。いわゆる外国語のリスニングや鑑定士などもこれに相当するが，鑑定士のように特別の知識がなくてもこの過程は成立する。

大阪大学が調査地としている岡山県勝山町で，200頭のサルを見たことがある。観光用に餌づけされているのだが，エサの時間になるといっせいに集まってくるのが壮観だ。見学して驚いたのは，研究者が200頭のサルの名前を次々いってデータをとっていたことである。200頭の顔を見分けているのだ。私がサルやチンパンジーとかかわるようになった時に，最初は個々の違いがわからなかった。しかし，知覚学習が自分にも生じることがわかっていたので，それがどのようにやってくるのか楽しみにしていた。最初は，大きい個体と小さい個体くらいしかわからなかったが，そのうち特徴のある体つきをしている個体が見分けられるようになった。最後までわからなかったのが親子や姉弟たちである。今では全然違う顔にしか見えないが，見分けにくかったからには，やはり似ているのだろう。

おもしろいのは，ひとたび見分けられるようになると，二度と同じように見えないことだ。テレビなどで見るチンパンジーも「初めて見た知らない顔」にしか見えない。しかし，違う種には般化しないらしく，まだサルの顔はわからない。思わぬところでサルとチンパンジーの違いを思い知らされる。

第5章……脳と知性の共進化？

脊椎動物の学習スタイルの違い——「サカナ型」と「ネズミ型」

このように見てみると、脊椎動物の学習スタイルを、大きく魚類のタイプと哺乳類のタイプに分けることができそうだ。この2分法は、おそらく世界で最も多くの種類の動物で心理学の研究をしてきたジェフ・ビターマンが1975年に米科学誌サイエンスに発表して以来、多くの比較心理学者に信じられてきた。表1は、ビターマンが示したデータにその後の研究結果を付け加えたものである。ここでは、すでに紹介した潜在制止や単一交替（反応パターンの出現）を含めた代表的な学習課題において、さまざまな動物がサカナ型と（哺乳類を代表して）ネズミ型のどちらになるかをまとめてある。どうやら爬虫類の付近にその境界線があるらしい。爬虫類の代表であるカメは、簡単な課題では哺乳類型だが、難しいとサカナ型になる。そのため、これまであえて爬虫類については言及してこなかった。

脳の新皮質を取り除いた除皮質ラットはサカナ型になるので、これらの差異は新皮質の有無に対応しているのかもしれない。皮質は両生類以下にはなく、爬虫類では原始的な形で出現し、哺乳類になってようやく新皮質が完全に出現する。

表1……さまざまな学習現象に関するサカナ型とネズミ型の分類

動物種	連続逆転学習		潜在制止	単一交替学習
	位置課題	視覚課題		
サル	ネズミ	ネズミ	ネズミ	ネズミ
ラット	ネズミ	ネズミ	ネズミ	ネズミ
ハト	ネズミ	ネズミ	ネズミ	ネズミ
除皮質ラット	ネズミ	サカナ	ネズミ	サカナ
カメ	ネズミ	サカナ		
キンギョ	サカナ	サカナ	サカナ	サカナ
ゴキブリ	サカナ			
ミミズ	サカナ			

魅力的な間違い——「自然の階梯」

サカナと比べて、哺乳類の学習には、注意や（がっかりする）情動という他の機能単位（モジュール）が加わっていることがわかると、哺乳類の中でもさらに種間で違いが見られるのではないか、と考えたくなる。つまり、ヒトを頂点とした霊長類にイヌやウマ、イルカなどの「賢い」といわれる哺乳類が続き、その下に爬虫類、両生類、魚類と段階的に続くのではないか……。このような仮定がいわゆる「自然の階梯」である。

このような考えは単純でわかりやすいために魅力的である。また宗教的な意味合いからもこのような考え方がされることが多い。イヌやウマなどに接する機会の多い人は、それらの動物がネズミやハムスターより明らかに「賢い」という。しかし、そのことを証明するのは非常に難しい。確かにイヌやウマはヒトの指示によく従うが、それは長い家畜化の年月があり、ヒトと暮らし、ヒトの指示に従う動物にされてきた結果にすぎない。ヒトの指示に従う動物が知的なわけではないし、そもそもある動物が他の動物より知的であるということを証明することはできない。なぜなら、それぞれの動物は、個々の動物種の環境に適応すべく特殊化した能力をもっており、どれかひとつの尺度で一元化するわけにはいかないからだ。

哺乳類に学習能力の違いはあるのか？

「自然の階梯」は、一般の人だけでなく研究者までも魅了し、さまざまな形でこれまで多くの仮説やデータが示されてきた。たとえばジョン・ウォーレンは、哺乳類の中でも種によって問題解決能力が異なることを示した。具体的には、哺乳類が「学習することの学習」を成立させるまでに、どれくらいの課題数を要するかを比較して示した（図52）。

「学習することの学習」とは、単に1つの学習課題を習得するだけでなく、ある一連の課題を通じて、その全体の構造や共通するルールを学習することである。

たとえば、動物が2つの刺激（たとえば、○と△）のうちいずれかを選択すれば正解（たとえば○）という課題を行う。最初はデタラメにどちらかの刺激を選ぶことで正解となるが、やがて○が正解であることを学習する。最初の学習が完成すれば、次にまた別の刺激（たとえば、□と✣）を用いて、弁別の訓練を行う。このことを延々と繰り返せば、最終的には新しい刺激対が与えられた時に、最初に選択した刺激が間違いである場合には、次の試行で間違えたのとは違うほうの刺激を選択し、最初から正解すればその刺激を選び続けるようになる。つまり、次第に学習が成

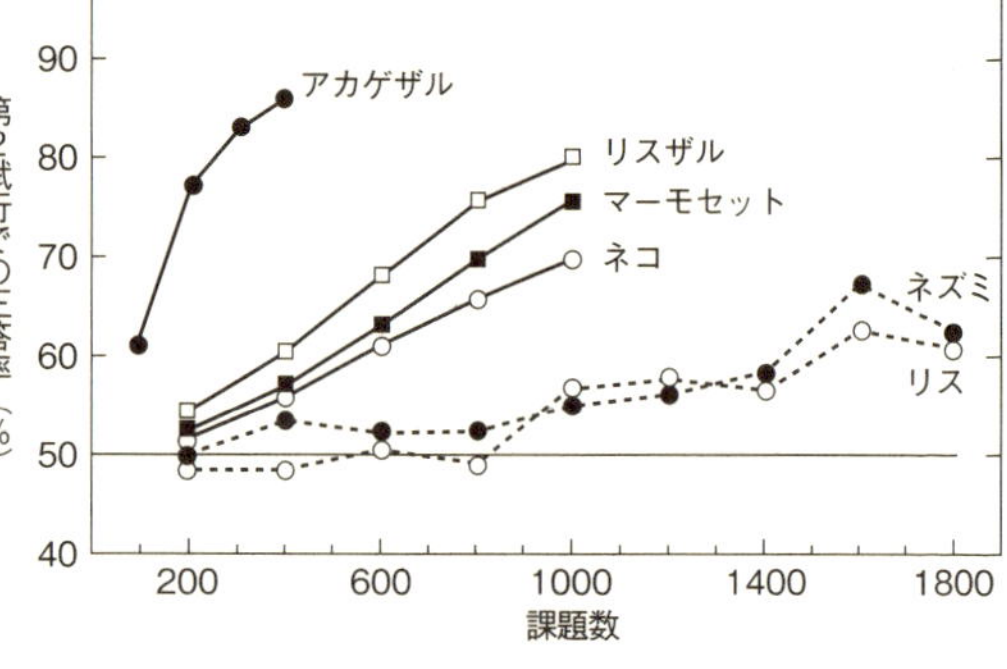

図52……哺乳類の種の学習セット

立するまでの試行数が少なくなり、ついには1回の誤反応の後（つまり第2試行）には学習が成立する。「2つの刺激のうちいずれかを選択すれば正解」ということを学習するのだ。これが「学習セット」と呼ばれる「学習することの学習」である。最近では「メタ学習」と呼ばれる。

このことを習得するためには、個々の課題だけでなく、与えられている課題全体の内容（ルール）について学習する必要がある。このような「学習することの学習」は、魚類では難しい。

図52は、課題が逆転された後の第2回の試行でどれだけ正解したかを、こなした課題の数との関係で示したものである（Warren, 1965）。ネズミやリスでは、「学習セット」がほんのわずかしか向上していない。小型の新世界ザル（リスザルやマーモセット）では、それよりも早い。そして、より大型でニホンザルの仲間の旧世界ザル（アカゲザル）は、500試行ほどで「学習セット」が完成している。

これらの結果は、一般的に知的と考えられる動物ほど早く「学習セット」が完成することを示しているように見える。そのため「学習することの学習」能力は、動物の全体的な知性を表していると主張された。しかし、このことだけに基づいて、ある動物が他の動物より知的であるということはできない。しかし、すぐに別の客観的な指標で、この「自然の階梯」が補強された。その指標とは、それぞれの動物種における、身体の大きさに比べた時の脳の大きさの比率である。

脳のサイズ

情報を処理するレベルの深さは、単に皮質や脳の特定の領域の有無というより、脳のサイズと密接に関係しているといわれる（図53）。脳のサイズが動物の知性と何らかの関係がある、と最初に考えたのはオラフ・スネルだった。彼は、単純に脳の重量だけを考えれば、クジラやゾウなど、体の大きい動物ほど大きな脳をもつことになるが、体重に対する脳の重量を求めると、鳥類をはじめとした体の軽い動物ほど、体に対する脳のサイズが大きくなることに気づいた。脳には、身体の感覚器官からの求心的情報を処理する細胞と、筋肉、腺、器官を制御するための細胞が含まれる。たとえば、ゾウはマウスに比べて大きな体表面をもつので、皮膚からの触覚情報を検出するためには、より多くの感覚ニューロンを必要とする。また、ゾウは多くの数の筋肉細胞をもつので、その動きを制御するためには、より多くの運動ニューロンが必要である。そこで、スネルは脳の重量を体重と比べるのではなく、体の表面積と比べることにした。つまり、脳の重さをh、体重をkとすると、どの動物でも、

$$h = pk^{2/3}$$

の関係が成立する。スネルはこの値を「精神因子」と名づけ、これが動物の「知性の程度」を表し

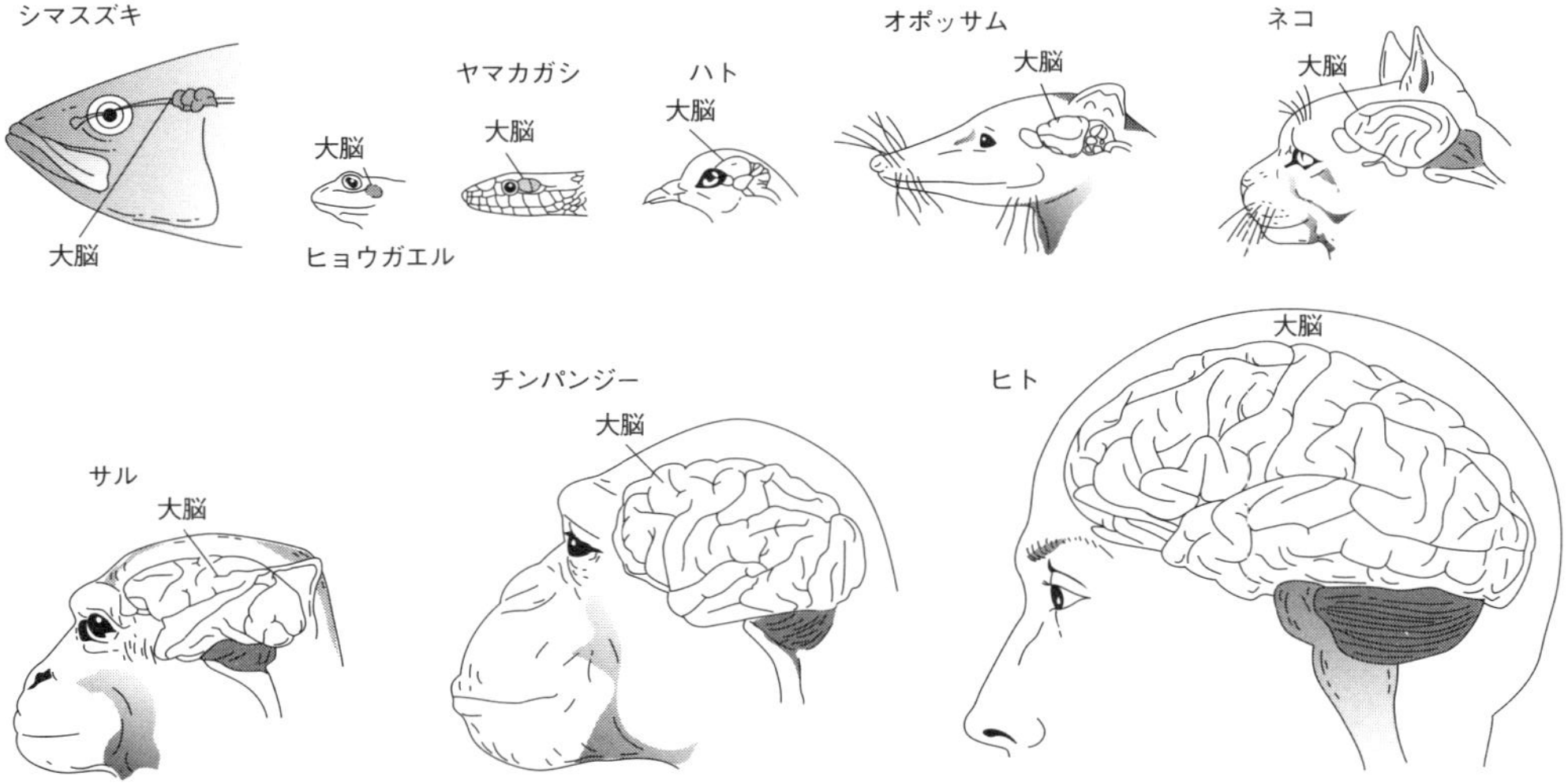

図53……さまざまな脊椎動物の脳（Greenberg & Haraway, 2002 より改変）

ていると考えた。

後に、「脳化指数」や「余剰皮質ニューロン」と呼ばれる、類似の指数が考案されたが(Jerison, 1973)、基本的にはこのスネルの考えに基づいている。また、後に指数は2/3ではなく3/4のほうが実際のデータに適合することがわかった。この3/4という値は、脊椎動物の代謝率と身体の大きさの関係と一致している。

表2は、藤田（1997）に基づいて、さまざまな動物の「精神因子」を示したものである。スネルの式でのpは、動物の体重1グラムあたりの脳重量を示しているので、ヒトと比較しやすいように、

表2……さまざまな動物の精神因子

動物の種類	k（キログラム）	h（グラム）	P
魚類			
ウナギ	3.5	0.5	3.3
マグロ	5.2	3.1	15.5
電気エイ	0.3	0.8	23.5
両生類			
ガマガエル	0.03	0.1	23.5
爬虫類			
ミシシッピーワニ	2.5	14.1	6.3
イグアナ	4.2	1.4	7.4
イシガメ	0.3	0.3	9.5
トカゲ	0.1	0.1	13.1
哺乳類			
ラット	0.3	2.3	79.0
ウシ	241.8	386.0	153.0
ネコ	2.9	23.5	173.0
ウマ	485.3	706.7	178.0
ゾウ	14.6	79.9	203.0
イルカ			291.0
霊長類			
ツパイ	0.05	0.1	129.0
ガラゴ	0.2	5.0	215.0
キツネザル	1.7	21.8	226.0
チンパンジー	45.0	400.0	484.0
化石人猿アウストラロピテクス	42.0	520.0	583.0
化石ホモ・ハビリス	40.0	640.0	755.0
現代人（ホモ・サピエンス・サピエンス）	60.0	1375.0	1374.0

すべて体重60キログラムあたりに換算してある（pを1424倍して、Pになっている）。

現生している魚類のPは、せいぜい20台である。つまり、体重60キログラムのサカナでも、脳の重さはたかだか30グラムにしかならないことを示している。両生類や爬虫類もほぼ同様で、Pが30台に達するものはいない。

それが現生の哺乳類では、平均が約170になる。ネズミ（ラット）でさえも79で、イルカや霊長類はさらに大きい。チンパンジーは、ヒトを除く動物の中では最大のサイズで、もう少しで500に到達する。これは化石から推定されたアウストラロピテクスの583とほとんど差がない。

新皮質の発生

スネルの精神因子の増大は、主に新皮質の増加を反映している。約3億年前の爬虫類には新皮質の兆しとなるものがあったといわれるが、その脳はほとんどが旧皮質と古皮質で構成されていた。哺乳類は、この旧皮質（海馬・歯状回）と古皮質（梨状回）の中間に新しい神経細胞集団を形成させ、新皮質を作り出した。新皮質は主に視覚・聴覚・触覚の処理を行い、間脳や皮質内部と密接な神経細胞の連絡がある。そして、生命を維持する脳幹や脊髄の運動ニューロンをさらに上位から制御するようになった。

鳥類は、哺乳類のような6層構造の新皮質をもたないが、その代わりに核構造のものを作ることで、哺乳類の新皮質と同様の機能を手に入れた（渡辺，1997）。

スネルの計算によれば、鳥類の中で最大の脳のサイズをもつのはカラスである。そのP値は238であり、哺乳類の平均値より高い。鳥類の中で最小なのはホオジロで、Pの値はカラスの約半分の132とされる。最近、カラスは道具を使用するだけでなく「製作」することまで発見され、世界中の研究者を驚かせたので、この値は非常に納得できる。

余剰皮質ニューロン指数

スネルの考えを発展させたハリー・ジェリソン（Jerison, 1973）は、哺乳類の皮質のニューロンの総数が身体の大きさによって必要とされる数以上であることを示す指標を提案した。彼はそれを「余剰皮質ニューロン」と呼んだ。この指標は、身体に関係する（すなわち、感覚と運動）以外の情報を処理できる皮質のニューロンと考えることができる。

ジェリソンがこの余剰皮質ニューロンとの関係を示したのは群れのサイズや行動圏だったが、後に学習セットとの関係が指摘された。ジェリソンは、余剰皮質ニューロン指数を12種の原猿、8種の新世界ザル、27種の旧世界ザルの標本の体重と脳重量に基づいて計算した。ここでの「余剰」とは、哺乳類全体の体と脳のサイズの関係から予測された、霊長類の脳の「あるべき」サイズからどれだけ脳の容積に余剰があるかを意味している。霊長類の平均値の脳のサイズより大きいほど、余剰が多い。これらの値は、1個体あたりの行動圏（群の行動範囲をその個体数で割ったもの）の3つの行動指数と関係していた。たとえば、余剰皮質ニューロンは、原猿類では群れサイズと関係しており、新世界ザルでは行動圏の大きさと関係していたが、旧世界ザルでは群の行動圏の大きさと個体あたりの行動圏の大きさの両方とに、統計的に意味のある関係があった。これらのことから、群れサイズと行動圏の大きさは、霊長類に異なる行動能力の必要性（群れサイズは社会関係を、行動圏の大きさでは空間認知）をもたらしたと考えられる。

ウィリアム・リデルとケネス・コール（Riddell & Corl, 1977）は、ジェリソンの相関研究を学習セットに発展させた。彼らは、霊長類、食肉類、齧歯類を含むさまざまな哺乳類の種で公表されたデータから、学習セットの成績を評価した。彼らは学習セットの成績（傾斜）と余剰皮質ニューロンの間に非常に高い相関（r = .98）を見つけた（図54）。すなわち、余剰皮質ニューロンが多いほど学習セットの形成が早い。

これは、余剰の新皮質が多ければ知性も高くなることを示すのだろうか？　このような結果を解釈する時には注意しなければならな

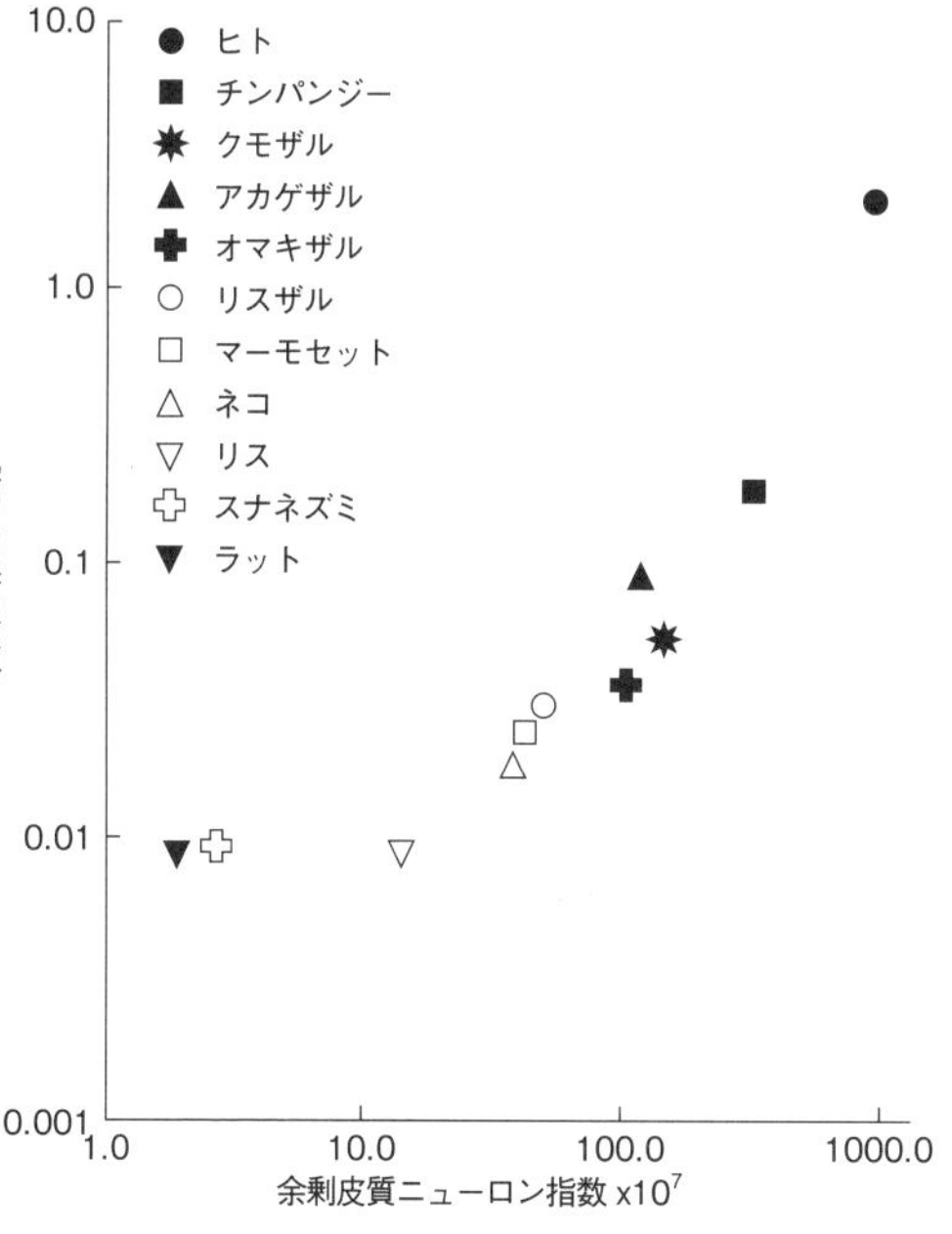

図 54……学習セットの傾斜と余剰皮質ニューロンの相関
（Riddell & Corl, 1977 より改変）

い。たとえば、学習セットの成績が最も低かったのは齧歯類で、中でもネズミ（ラット）だった。ネズミは視覚能力が相対的に悪い。そのため、縞のパターンや幾何学図形のような視覚刺激に基づいた学習セット課題を習得するのに多くの試行を要したと考えられる。そのことは、学習能力が低いというより、むしろ知覚的に不利だったことを反映している。たとえば、3次元物体、空間手がかり、においが弁別刺激として用いられた時には、ラットは霊長類と同じくらい早く学習セットを形成させる。したがって、学習セットの成績と余剰皮質ニューロン指数の間の相関は、哺乳類の新皮質の量が一般的な学習能力を決めるというより、むしろ視覚情報を処理することに関連していると考えられる。

帰無仮説

動物の知性をひとつの尺度にのせて比較しようとする試みに対して批判があがった。それは、さまざまな種類の動物の学習の転移能力を比較しようとしても、知覚能力の違いや動機づけのレベルの違いなどが反映されるし、また違う装置で訓練を受ける影響も排除できないというものである。

確かに、「精神因子」や「学習することの学習」というひとつの尺度にのせて比較するのは簡単で理解しやすいかもしれない。しかし、それが必ずしも公平な比較になっているとは限らない。また、「知性」が一元的に測れるものであるかのような印象を与える。そもそも知性は、いくつかの認知機能の総体であり、単一のものではないし、またヒトを頂点として直線的に進化してきたわけでもない。

このような批判の急先鋒が、「ヒト以外の脊椎動物には知的能力の差はない」とする帰無仮説である（Macphail, 1982）。キンギョとサルやチンパンジーの知的能力にもまったく差がない（違いがある、との証拠はない）とするこの帰無仮説は極端で、全面的に賛同する研究者は少ないが、比較の問題を考える上で大きなインパクトを与えた。

霊長類の学習セット

長年霊長類の学習研究を推進してきたデュエイン・ランボーらが主張するように、そもそも「差がない」ということが間違っている、と証明するのは難しい。どこまでいっても、装置、知覚、動機づけの違いは、つきまとうからだ。

そこでランボーらは、異なる種の動物を比較する時に生じる実験上の差異を極力小さくするために、学習セットの指標として絶対的な正答率ではなく「相対的な」正答率を用いることを提唱した（Rumbaugh & Pate, 1984）。

彼らは、121個体の霊長類を対象に、2種類の視覚刺激を用いた課題で「学習することの学習」の成績を調べた。従来の学習セットの研究と異なり、ある課題を完全に学習してから逆転させるのではなく、それぞれ「少し学習した」時点と「かなり学習した」時点で逆転させて、それらの差を比べた。これは、完全に学習させた後に正解を逆転すれば、動機づけのレベルが下がったり、怒りやがっかりなどの情動反応によって、その後の学習の成績が影響されるかもしれないことを考慮してのことだった。すなわち、学習途上でまだ十分課題に集中しているが、完全に確証がもてない段階で正解の刺激を逆転することにしたのである。

たとえば最初の段階で、球と立方体のような2種類の物体が呈示されて、球を選べば正解という課題を67％（約3分の2）の確率で正しく答えられるようになるまで訓練したとしよう。そこまで到達すれば、今度はこっそり立方体のほうを正解にする。すなわち、弁別逆転課題といわれる課題を行う。そこから10試行の正答率が求められる。先の学習の影響を引きずっていると、（今では正誤が逆なので）成績は50％以下になるが、たとえば第1試行で間違えて、正解が逆転されたことに「気がつくと」、残りの試行はすべて正解するので、正答率は90％になる。しかし、67％程度の成績なら、そもそもまだデタラメに選ぶよりも少しはまし、という程度しか学習していないので、逆転されてもさほど成績は変わらず、どのような動物も、逆転後の成績は50％近くになる。

次に、最初の学習が84％になってから逆転する条件を設ける。そしてこれらの2つの条件間で、どちらが正答率がよかったかを比較する。たとえば、ある霊長類が「少し学習した」時（67％）の逆転後の成績が、まだあまり学習していないので50％だったとしよう。そして「かなり学習した」（84％）後では、前の学習に固執したため成績が30％に落ち込んだとすれば、それらの差はマイナス20％となる。

それに対して、逆転前の学習が、逆転後の学習を促進し、つまり「学習することの学習」ができていれば、逆転されたことに「気づき」、成績はよくなるので、それらの差はプラスになる。すなわち、「転移指数」と呼ばれるこの指標は、

転移指数＝［84％基準達成後の正反応％］－［67％基準達成後の正反応％］

として求められる。

図55は、ランボーらが示した結果である。こうして、脳の複雑さの順に並べてみると、「学習することの学習」と直線的な対応関係があるのがわかる。原猿や小型のサルでは、その指標（差）はマイナスになっているが、ニホンザル（マカクザル）などの大型の旧世界ザルや類人猿ではプラスに転じている。つまり、小型のサルでは、先に学んだことが逆転後の邪魔にしかならないが、大型のサルや類人猿は、先の課題に基づいて「学習することの学習」を形成し、後の学習が節約（促進）されるのだ。

これらの値が脳の複雑さ（図の横軸の順序）とどういう関係にあるかを調べたところ、高い正の相関があった（r ＝ .78）。つまり、複雑な脳をもつ霊長類ほど「学習することの学習」は促進される。

そして、それをジェリソンが計算した余剰脳容積と余剰皮質ニューロンの値で比較すると、さらに高い相関（それぞれの相関係数は、r ＝ .96とr ＝ .98）があった。つまり、本来その分類群の動

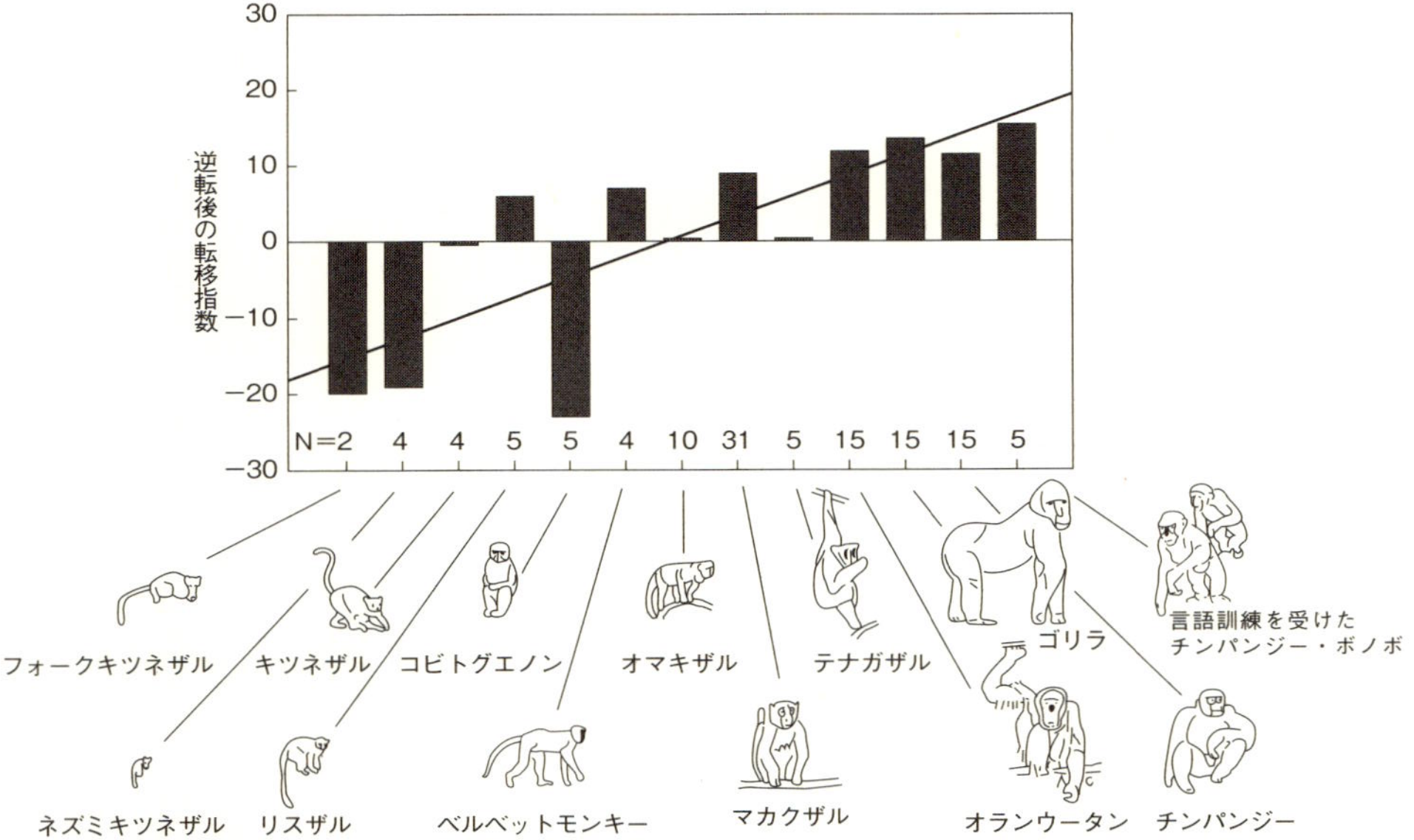

図 55……ランボーらが示した弁別課題の最初の逆転後における霊長類のさまざまな種の成績（パピーニ，2005 より改変）

学習は転移指数によって測定される。負の数字は負の転移を意味する。つまり，逆転課題の獲得が原課題の獲得よりも遅かった。正の数字は正の転移を意味する。つまり，逆転課題の獲得が原課題の獲得よりも早かった。原猿類は負の転移を示す傾向があり，類人猿は正の転移を示す傾向がある。

物がもっているはずの脳の容積に対してどれだけ余剰の神経細胞をもっているか、ということが動物の「学習することの学習」の能力と密接に関連していることを示している。

学習方略の違い

では脳の複雑さに対応して、原猿よりは新世界ザルや旧世界ザルが、また新世界ザルや旧世界ザルより類人猿のほうが高い知性をもっていると考えてよいのだろうか？　そして、霊長類の中で最も複雑な脳をもつヒトが最高位の知性を備えているのだろうか？

「自然の階梯」の誘惑はいつまでもつきまとうが、ここでもそれは否定されるべきだろう。ある霊長類の種の分類群（たとえば、原猿）が、他の霊長類の種の分類群（旧世界ザル）よりも知的であるということではなく、それぞれの分類群がとる行動方略が異なっていると考えるべきである。


たとえばランボー（Rumbaugh, 1997）は、前述の逆転学習の研究を発展させて、さらに2つの条件を追加し、それらの成績を比較した。その追加された条件とは、元々の弁別で用いられていた2つの刺激のうちどちらか1つだけが新たな刺激と置き換わるというものだった。さまざまな霊長類の種が、それぞれ最初にA+/B−の弁別訓練を受け（○や□といった刺激をAやBとアルファベットで表し、正答の刺激にはエサが与えられるので+で表す）、続いて3種類の逆転課題を受けた。

第1の課題は、最初の課題を完全に逆転させたものだった（すなわち、逆転して、A−/B+になった）。しかし第2の課題は、先の正しいほうの刺激が新たな刺激に置き換わったもので（すなわち、C+/B−)、さらに第3の課題は、先の正しくないほうの刺激が新たな刺激に置き換わったもの（すなわち、A+/D−）だった。その結果、原猿（キツネザル）や新・旧世界ザル（リスザル、オナガザル、アカゲザル）では、新たな刺激を含む第2、第3の課題（C+/B−やA+/D−）よりも、最初の弁別を完全に逆転させた第1の課題（A−/B+）の習得が最も困難だった（図56。□の成績が悪い）。しかし類人猿（ゴリラやチンパンジー）では、それらの3種類の課題で成績に違いはなかった。

これらの結果は、正誤が切り替わったことによって生じる負の転移（先の学習が後続の学習を阻害する）が、ど

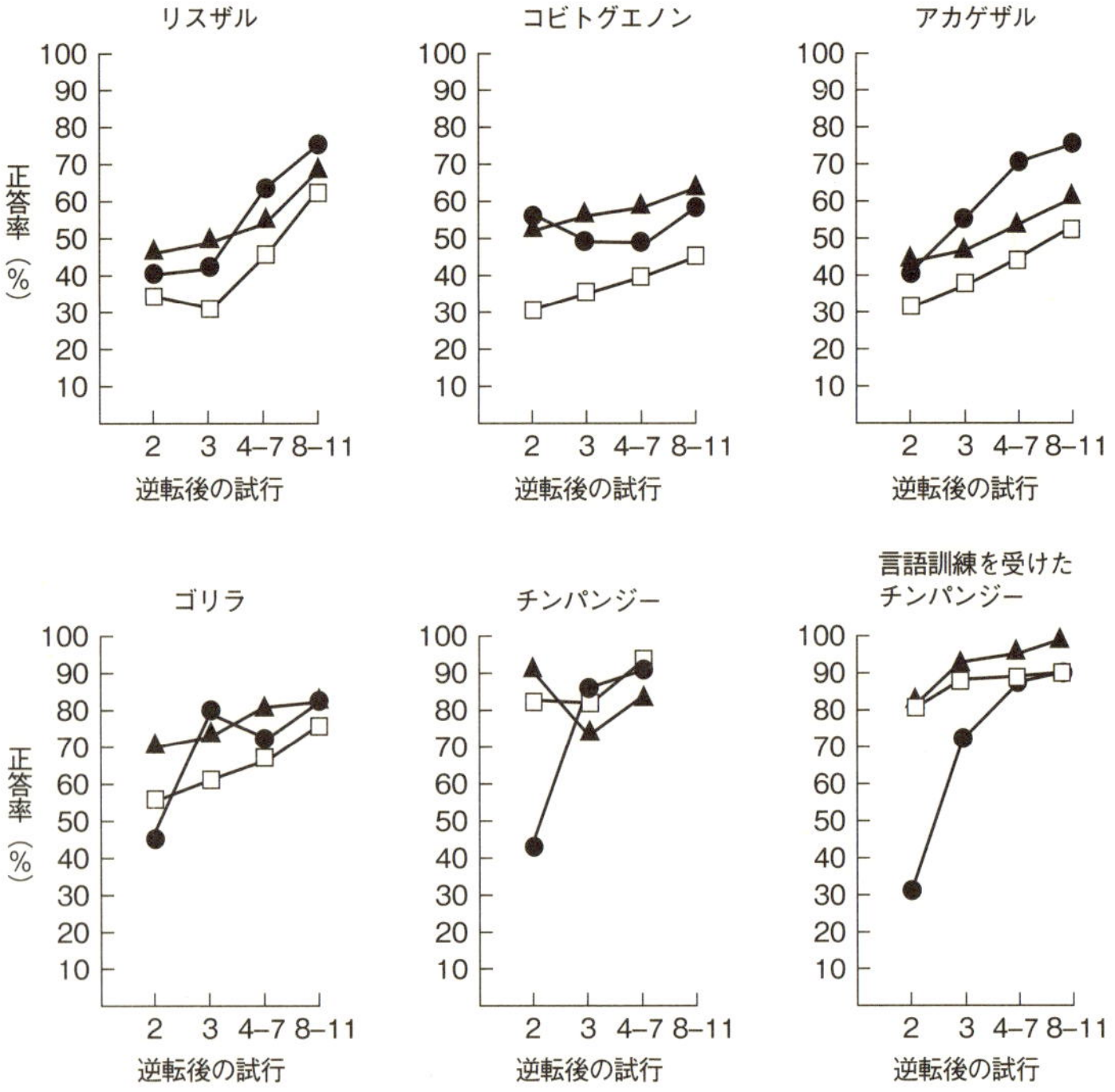

図56……3種類の逆転課題におけるさまざまな霊長類の成績
(Rumbaugh, 1997より改変)

のように生じるかを示している。最初の訓練では、刺激Aを選ぶとエサが与えられたので、刺激Aを選ぶ傾向が強くなった。同時に、刺激Bを選んでもエサは与えられないので、刺激Bを選択する傾向が弱くなった。その後で正誤の関係が逆転されると、徐々に獲得されたこれらの反応傾向を再び時間をかけて逆転しなければならないので、逆転した課題に対してかなりの負荷（負の転移）が生じると考えられる。この解釈によれば、原猿とサルはこういった方法で弁別を学習している（選ぶべき刺激Aに対する反応傾向を強め、同時に避けるべき刺激Bに徐々に反応しなくなる）。

それに対して、負の転移が生じない類人猿の学習方略は、法則に基づいて課題を解いているようだ。こういった状況では、新たに呈示された課題の最初の試行で「デタラメに選んだ刺激が正解ならそれを選び続け、間違いなら他方に移る」という法則を獲得すれば、これら3種類の弁別逆転課題の成績はいずれも同程度になる。類人猿はそのような法則を獲得したために、3種類の逆転課題で成績に差がなかったのだろう。実際、チンパンジーやゴリラは、逆転後の第3試行までにはいずれの課題でも正答率が急激に上昇している。

なお、どの霊長類も、ほぼ同じ速さで最初の弁別を獲得したので（連続する10試行のうち9試行の正答）、課題における知覚や動機づけには大きな違いがなかったと考えられる。

これらのことが示しているのは、霊長類の中でも分類群によって学習方略が異なる、ということである。次に、サル、チンパンジー、ヒトの行動方略の違いを見ていこう。

【引用文献】

藤田哲也　1997　心を生んだ脳の 38 億年　ゲノムから進化を考える 4　岩波書店

Greenberg, G. & Haraway, M. M.　2002　*Principles of comparative psychology*. Allyn and Bacon.

Jerison, H.　1973　*Evolution of the brain and intelligence*. Academic Press.

Macphail, E. M.　1982　*Brain and intelligence in vertebrates*. Clarendon Press.

パピーニ　2005　パピーニの比較心理学—行動の進化と発達　北大路書房

Riddell, W. & Corl, K.　1977　Comparative investigation of the relationship between cerebral indices and learning abilities. *Brain, Behavior and Evolution*, 14, 385–398.

Rumbaugh, D.　1997　Competence, cortex, and primate models : A comparative primate perspective. In N. A. Krasnegor, G. A. Lyon, & P. S. Goldman-Rakic（Eds.）*Development of the prefrontal cortex : Evolution, neurobiology, and behavior*. Paul H. Brookes Publisher. Pp. 117–139.

Rumbaugh, D. & Pate, J. 1984　Primates' learning by levels. In G. Greenberg & E. Tobach（Eds.）*Behavioral evolution and integrative levels*. Erlbaum. Pp. 221–240.

Warren, J.　1965　Comparative psychology of learning. *Annual Review of Psychology*, 16, 95–118.

渡辺茂　1997　ハトがわかればヒトがみえる—比較認知科学への招待　共立出版

Column❺

いまだに進化論を信じたくない人たち

20 世紀以降のめざましい科学技術の発展は，米国によるところが大きい。1969 年 7 月のアポロ 11 号による月面着陸をはじめ, 20 世紀を「科学の世紀」と呼ぶなら，それはまさしく米国によって切り拓かれてきたものである。そのようなことから，いつしか米国人は合理的で論理にしたがう人ばかりだとの印象をもつようになった。国際会議などでも，それが米国人でかつ（当然だが）英語で話していれば，どのような内容の発表であっても，科学の進歩を担うもののひとつであるかのような気がしていた。最近，そういった考えを吹き飛ばしてくれる論争があり，米国人の意見に対しても素直に「それはおかしい」といえるようになった。

その論争とは進化論に関するものである。米国のある町の教育委員会が，高校の生物学で進化論の前に「進化の過程は設計されたもの」であることを教えると決定した。笑いごとではなく，裁判ごとである。教育委員会は，ダーウィンの「進化論」と「理知的な創造者」の溝を埋める本を読むようにと指導したが，生徒の親たちは教育と宗教の独立性が保たれていないと訴訟を起こした。

その本というのが,「理知的な設計」（インテリジェント・デザイン）に関するもので，理知的な創造者が進化の過程そのものを設計したという内容である。その考えによれば，ダーウィンが提唱した「自然選択」は，適者生存に基づくものなので方向性がない。それなのにこのような複雑でかつ知的な生命体が存在するのは，偶然の結果とは考えられない。したがって進化の過程そのものが「理知的な設計」によるもので，現在まで続く進化は，最初からこうなるべく設計されていた，というのである。

進化論に関する裁判は，米国では姿を変えて何度も行われている。不思議なことにほかの国では問題にならない。米国には科学を引き戻そうとする人がいるからこそ，推し進めようとする人がいるのかもしれない。

第6章……サルとチンパンジーとヒトの情報処理様式の違い

ヒトが行う情報処理の特徴

ヒトを含めた霊長類の中で、旧世界ザル（ニホンザルなど）と類人猿など、分類群によって学習した行動の方略が異なることは、系列的な反応をする時に顕著に現れる。系列学習とは、たとえば、「1、2、3、4」というように、いくつかの項目を順番に選んだり、そのような項目のイメージを1つの系列として把握する学習能力のことをいう。

これまでに扱ってきた学習では、基本的に1つのことを学習すればよいだけだった。系列学習は、多くのことやその順序までも学習する必要があるため、より困難とされる。しかし、実際に私たちの周りで生じる出来事は系列的であることが多い。たとえば、文字を読む時には1文字ずつ順に読んでいるし、話を聞く時には音素を順に聞き、また話す時にはそれを順次生成する。しかし、1文字ずつ読んだり、1音ずつ聞いていては言葉の意味はわからない。いくつかの文字や音を単語や文という単位にまとめ上げて（統合して）はじめて言葉としての意味が通る。このように系列的な処理はヒトの言語機能と密接に関連していると考えられる。

また系列的な処理は言語に限らず、さまざまな場面で必要である。エサを探しに行く時にも、すでにエサが枯渇しそうな場所を避け、エサの多そうなところから効率よく探すほうがエネルギーのコストが少なくてすむ。したがって、ヒト以外の動物も系列的に行動したほうが、生存上有利になることがある。そのため、萌芽的な様式であれ、個々の事象を組み合わせてそれらをまとめあげる能力をもっていると考えられる。しかし、その行動方略はサルとチンパンジー（類人猿）およびヒトで大きく異なる。

サルは行動してから考え、チンパンジーとヒトは考えてから行動する

系列的な反応をする時には2種類の方略があるようだ。大芝宣昭さん（梅花女子大学）は、ニホンザルとチンパンジーが異なる行動方略をとることを示した。その実験では、タッチパネル付きのモニターに大きさの異なる4つの円が呈示された。ここで、大きいほうから順にA、B、C、Dと名前をつけて、仮にC→A→D→Bの順で反応することを学習したとしよう。サルは、まず4つの刺激の中からCを選び、その刺激が画面から消えると、次は残りの3つの刺激からAを選ぶ。サルが反応するまでに要する時間は、残っている刺激の項目数に比例して短くなっていった。そのことから、サルはモニター上にあるいくつかの刺激から、その瞬間に選択すべき刺激だけを探して反応し、また次も、あらためて残った刺激の中から選択すべきものを選ぶ、という逐次的な処理をしていたことがわかる。つまり、サルは4回の反応をするのに、毎回反応するたびにいちいち刺激を探していたと考えられる。

それに対してチンパンジーでは、最初に反応するまでの時間だけが長く、それ以降の反応時間は短く一定になった。このようなL字型の反応時間のパターンは、チンパンジーが最初にすべての刺激の順序関係を把握し、かつそれらの順序や位置をある程度おぼえて、その記憶に基づいて反応し

ていることを意味している。このような方法は「一括処理方略」と呼ばれる（Kawai, 2001; 2004）。

サルとチンパンジーの行動の違いは、情報を系列に符号化する方略の違いを反映していると考えられる。つまり、サルはCの次はA、Aの次はDと個々の要素をつなぐような系列化をしていたのに対し、チンパンジーはより多くの項目をまとめて符号化しているようだ（図57）。

チンパンジーとヒトが行う一括処理方略――サルとの違い

京都大学霊長類研究所のチンパンジー・アイは20年にわたって数概念の訓練を受けてきた。今では、0から9までのアラビア数字を、物体の数量のシンボルとして使用する（松沢, 2000）。またアイは、モニターに呈示された0から9までの数字を、数字が連続しているかどうかにかかわらず、小さいほうから順に選ぶ。そのようなシンボルを系列的に選択する時にも、最初に反応するまでの時間だけが長く、それ以降の反応時間は短く、かつそれらの間に差が見られない。

そのことから、ここでもやはり一括処理方略を行っていることがわかる（Kawai & Matsuzawa,

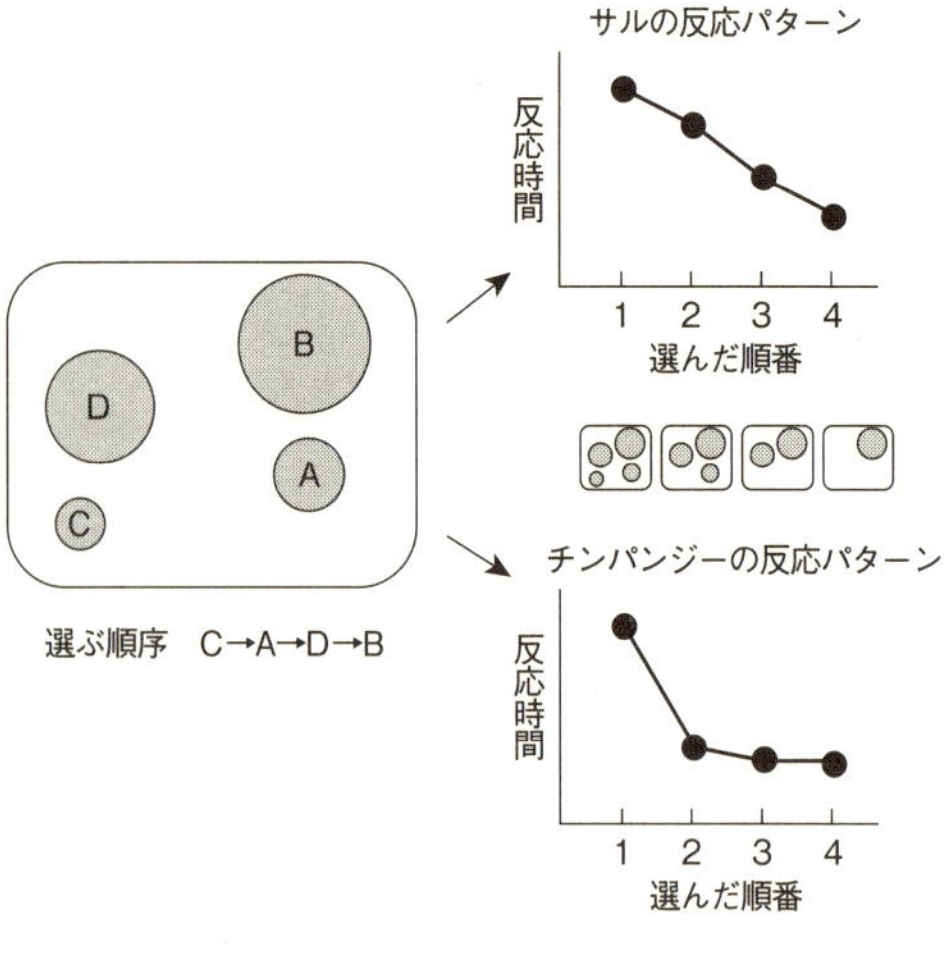

図57……系列的な反応をする際のサルとチンパンジーの反応パターン

2001）。

これまでにアイが数字の系列に対してどのように反応を行うかを、友永雅己さん（京都大学霊長類研究所助教授）や松沢哲郎先生（京都大学霊長類研究所教授）が中心になって調べてきた。ある実験では、0から9までの数字の中から、毎回ランダムに5つの数字が選び出され、それらがランダムな位置に呈示された。小さい数字から順番に選べば正解だった。数字を正しく選ぶと、その数字は画面から消えた。途中で正しくない順番の数字を選ぶと、その瞬間に間違いを知らせるブザーが鳴り、すぐに画面が消えて終了した（図58）。

この数字の系列課題で一括処理方略を行っているのは反応時間のパターンから明らかだが、そこにはさらにいくつかの認知的機能単位（モジュール）が含まれると考えられる。たとえば、最初の反応をする前に、①モニターに呈示されたすべての数字を認識し、②それらを序列化してから、③運動の計画を立てて、④数字や位置を記憶している、と考えられる。つまり、数字の認識、数字の序列化、反応系列の計画、それらの記憶といった、いくつかの下位の認知的機能単位によって一括処理方略が構成されていると考えられる。

アイはこれまでに数字を用いた実験を十分経験しているので、数字の認

図58……数字の序列化課題を行うヒト

識そのものにはヒトとの違いは見られない。つまり、ヒトの子どもがするように、アラビア数字の「3」と「8」や「6」と「9」などのよく似た数字を混同することはなく、どの数字の組み合わせでも反応時間に違いはない。

私が行った実験で、系列的な反応をする時にヒトとチンパンジーはよく似たやり方をしていることがわかった。図59は、チンパンジー・アイと6人の大学院生がまったく同じ装置と条件で行った数字の序列化課題での反応時間を示したものである（Kawai, 2001）。いずれも最初の反応時間が長く、それ以降の反応時間は短く、かつ一定だった。さらに興味深いのは、最初の数字へ反応するまでの潜時が、呈示された数字の項目数に比例して長くなったことである（図69参照）。このことも、チンパンジーとヒトは、最初にすべての数字を見て、それらの数字を認識し、数字に順番を割り振り、それらの数字系列をどのような順序で反応するかまで計画してから反応していることを示唆している。このため、与えられた数字が多くなるほど、最初に反応するまでの時間が長くなったのである。

これらのことから、サルと異なり、チンパンジーとヒトは系列的な反応をする時にあらかじめ行動の計画を立ててから、最初の反応を行っていることがわかる。しかし、一括処理をするためには、少なくとも与えられたすべて

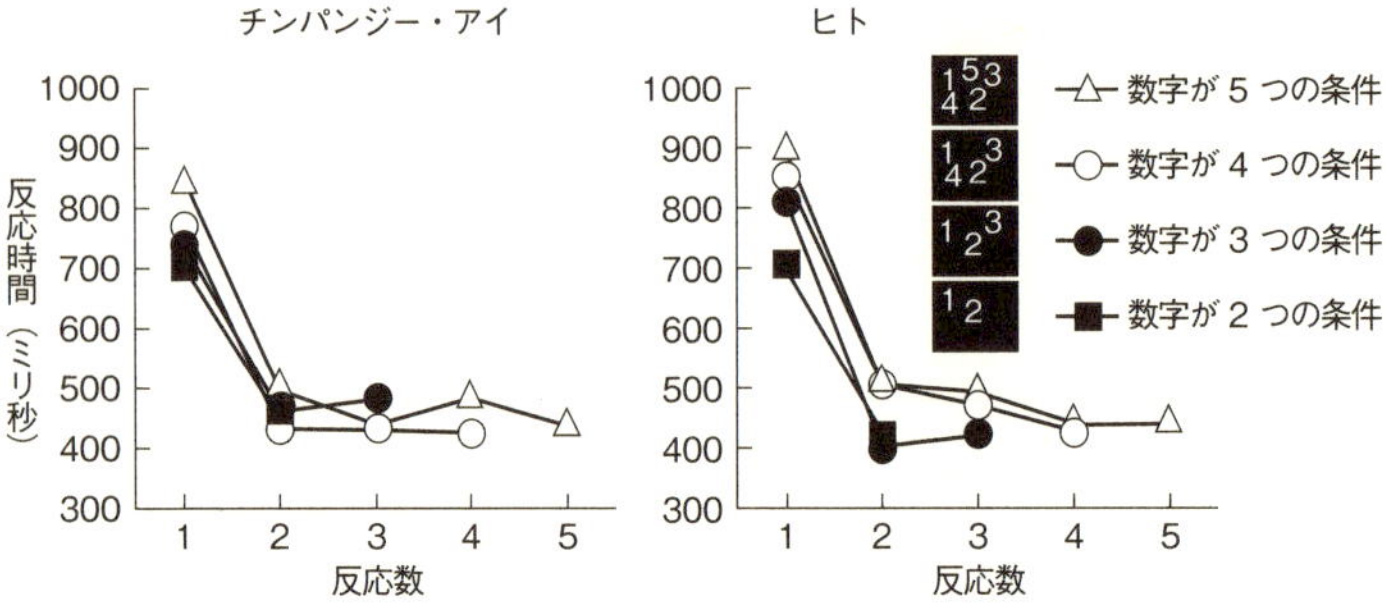

図59……ヒトとチンパンジーの系列的な反応パターン

の数字とその場所をおぼえておく必要がある。はたしてチンパンジーにそのような記憶力があるのだろうか？　チンパンジー・アイがこれらの数字を瞬時におぼえることが、次に述べる私たちの実験で証明された。

「心のメモ帳」と記憶容量

ヒトや動物にとって記憶は非常に重要である。記憶がなければ、家や巣に帰れないし、家族の顔がわからない。心理学の実験がはじめられるようになった時に、まず記憶の研究が行われたのは偶然ではない。記憶は、ヒトや動物のあらゆる認知活動の基盤である。

ひとくちに記憶といってもさまざまで、心理学では、「短期記憶」と「長期記憶」の2つを大きく区別している。私たちが一般にイメージする記憶とは後者のことで、自分の名前や電話番号のように何年たっても忘れないものを指す。しかし、もっと短期間で消失してしまう「心のメモ帳」とでも呼ぶべき一過性の記憶もある。たとえば電話番号でも、初めてかけた時は、電話をかけ終わるともう忘れている。短期記憶は、暗算や会話などあらゆる認知的な作業をする際に使用されるので、「作業記憶」とも呼ばれる。作業記憶は、長期記憶に比べて記憶の保持時間が短い。それだけでなく、おぼえられる容量にも制限がある。その容量は、数や文字に限らず、ヒトでは7プラスマイナス2項目といわれ、「マジカルナンバー7」として知られている。

チンパンジーはいくつのことをおぼえていられるか？

これまでに動物も作業記憶をもっていることは知られていたが、どれくらいの量をおぼえていられるかを調べるためには、おぼえているものをすべて答えさせる必要があった。しかし、動物は「言語報告」ができない。そのため、ヒト以外の動物の作業記憶の容量が測られたことはなかった。しかし、言語訓練を受けたチンパンジーなら、それを答えることができる。そこで、チンパンジーの作業記憶の容量を調べることにした（松沢哲郎先生との共同研究）。

そのために、次のような実験を行った（Kawai & Matsuzawa, 2000）。実験は、先の数字の序列化課題と同じように、0から9までの数字を用いた。ただし、3つから6つの数字を呈示した。呈示された数字やその位置がおぼえられないように、毎回違う場所に数字が出てくるようにセットした。

この実験には、別の「仕掛け」があった。たとえば、1、3、4、6、9という5つの数字を呈示したとする。アイは、先と同じように小さな数字から順番に選択していけば正解だったが、一番小さい数「1」を指で押さえた瞬間に、残りすべての数字が白い四角形で覆い隠された（図60）。最後まで正しく順番通りに選んでいくためには、どの数字がどこにあったかを正確におぼえていなければならない。

数字の序列化課題において、チンパンジーがそれぞれの試行で最初の反応をはじめるまでにすべての刺激の順序を理解し、どのような順序で反応するか、という行動の計画まで立てて反応しているなら、反応しはじめるまでに数字とその位置をおぼえているはずだ。いったい、一度にいくつまでおぼえることができるのだろうか？

アイの成績を図61に示した。棒グラフの右端がアイの成績で、折れ線

図60……マスキング課題を行うアイ
(cf. Kawai & Matsuzawa, 2000)

グラフがデタラメに選んだ時に偶然正解する確率である。呈示された数字が3つの場合には、アイの成績は90％以上の正答率だった。5つの場合に65％になったが、これは折れ線グラフで示した、偶然に正解するレベル（4％）よりもはるかに高かった。また、6つの場合でも30％の正答率で、これでも偶然正解するレベル（1％未満）よりは統計的にはるかに高い。つまり、アイは5～6項目の数字を一度におぼえていたといえる。これは、ヒトの小学生以上の能力であり、図61にある大学院生の成績と比べても遜色がない。

この実験では記憶容量を測定したので、どれくらい長い時間おぼえていられるかについては調べていない。しかし、アイはある程度時間がたったあとでも（約12秒）、それらを正確におぼえていることが偶然わかった。それは、5つの数字が呈示されて、アイが最初に最も小さい数字を触り、残りの数字がすべて白い四角形で覆い隠された時だった。たまたまちょうどその時に、運動場に出ていた他のチンパンジーの叫び声が聞こえた。何かもめごとが起こったらしい。アイはその声に注意を払って、しばらく手をとめていた。やがて騒ぎがおさまった。10秒以上経過していたが、アイは実験に戻って最後の数字まで正

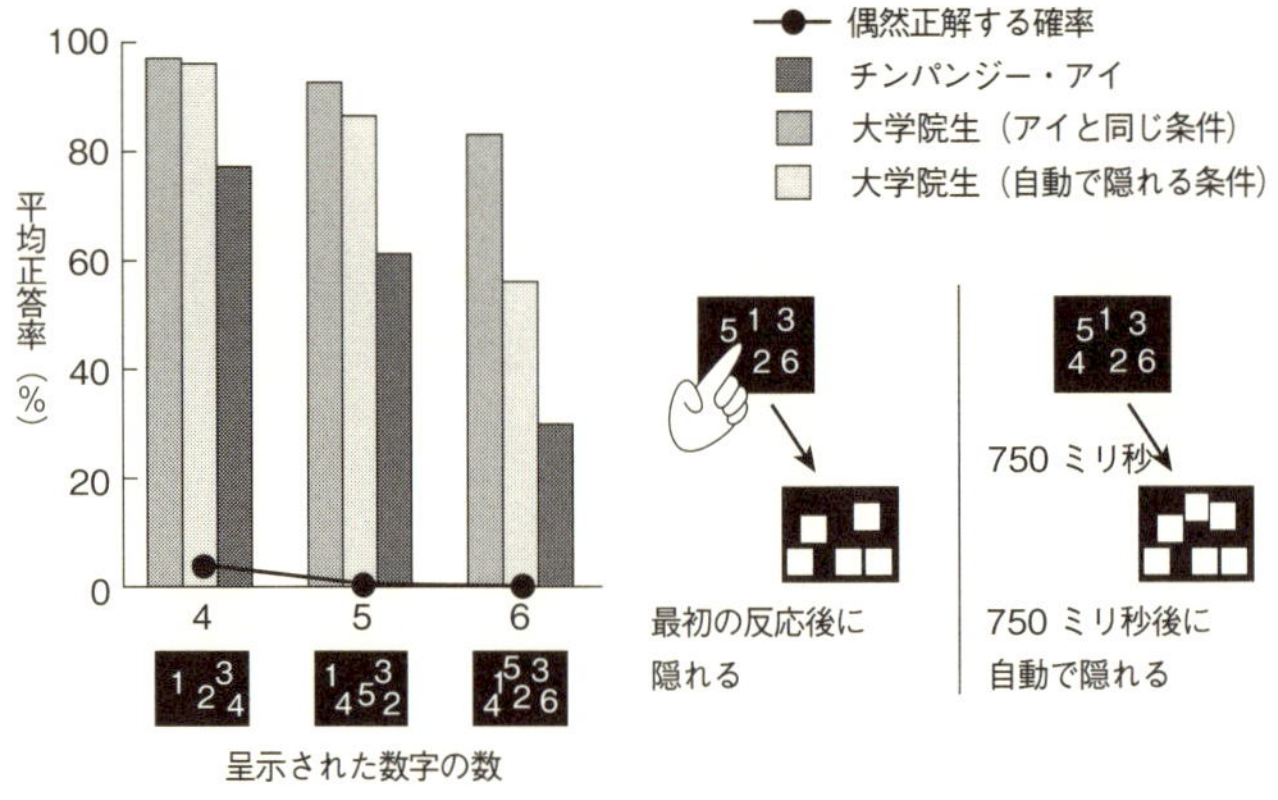

図 61……マスキング課題における成人とアイの成績（川合，2002 より改変）

しく選ぶことができた。

これらのことから、あらゆる認知機能の基盤となる作業記憶の容量にヒトとチンパンジーでほとんど違いがないことがわかる。

さて、この課題におけるアイのすごさは正答率だけではない。数字をおぼえてしまうまでのスピードがとても早い。驚いたことに、数字を隠した場合と隠さなかった場合で、反応するまでの時間にまったく違いがなかった。５つの数字を選ぶまでに要した時間はわずか約０・75秒で、ヒトに比べて圧倒的に早い。

チンパンジーの記憶をヒトと直接比較する

では、実際にヒトとどれほど違うのかを調べてみた。まずはアイとまったく同じ条件で挑戦してもらった。多くの大学院生は、この実験でアイと比較されるのを嫌がった。図62の左のグラフは、果敢にも挑戦してくれた大学院生の平均反応時間を示している。アイと同じように、最初の選択までの時間だけが長く、後は短いというL字型の反応時間のパターンを示している。また、呈示された数字の数が増えるほど、最初に反応するまでの時間が長くなっている。このことはアイと同じだが、その最初に反応するまでの時間がアイとはまったく違う。図の中に引いた横線は、アイが最初の反応までに要した時間である。アイに比べて倍以上の時間がかかっている。

そこで次に、アイが５つの数字の時に反応する時間と同じように、試行が開始してから約０・75

秒たてば自動的に数字が隠れるようにした。その結果を図62の右側に示した。反応時間は少し短くなったが、アイよりはまだかなり長い。数字を隠さない時には、アイとまったく同じだった（図59参照）。したがって、数字が隠されてから反応するまでの約０・６秒の間に、ヒトはリハーサルをしているのではないかと考えられる。大学院生たちに聞いても、そんなことはしていないというが、このような作業は無意識に行われる。

リハーサルとは、たったいま認知した情報を脳内で定着させるための一種の記憶術である。私たちが、電話帳で見た電話番号を忘れないように、何度も繰り返し口に出していうのもこれに当たる。アイの反応時間から見て、アイはおそらくリハーサルしていないだろうと考えられる。

記憶する時に同じ処理を行うヒトとチンパンジー

心理学や認知科学の研究では、ヒトが脳内でどのように情報を処理しているのかを調べるために、正解した試行でなく、むしろ誤答した時の状況について分析することが少なくない。「なぜ間違えたのか」「どのような時に間違いが多いか」ということが、時として「どれだけ正解したか」よりも貴重な情報を与えてくれる。

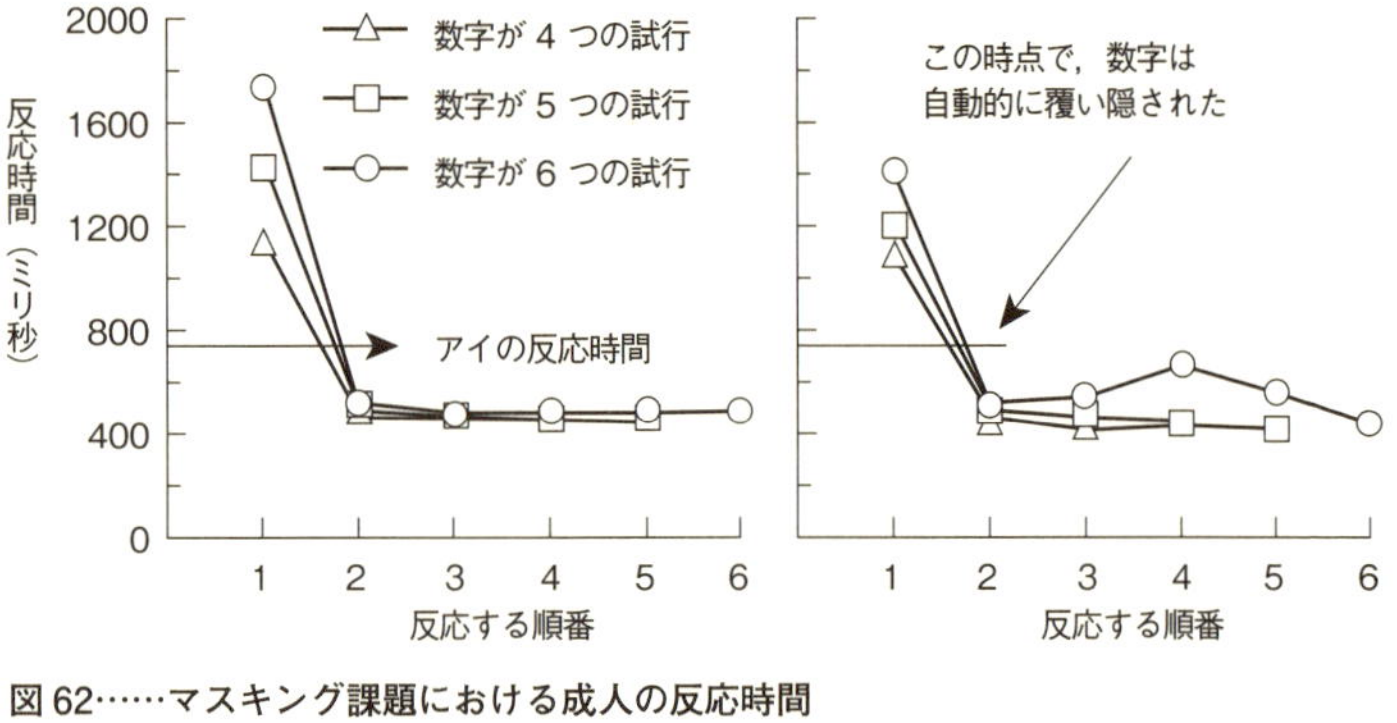

図 62……マスキング課題における成人の反応時間

アイとヒトが誤答した時の状況を分析した。その結果、ヒトとアイとでは間違える状況も、とてもよく似ていることがわかった。最も多かったのは、数字を1つだけ飛ばしてしまうという「スキップエラー」だった。たとえば、1―2―3―4―5と反応すべきところを、1―2―4と、3を飛ばしてしまう。これは、すばやく反応しようとして、コンピュータが反応を検出せずに次の数字を触ってしまった場合でも生じる。この間違いが、ヒトとアイではそれぞれ全体の84％ずつあった（図63）。

残りの16％のうちの大半は、その系列の中で最も大きい数字を選ぶというものだった（図64）。また、その傾向は、数字が大きいほど（系列の最大の数字が6よりも7、7や8よりも9）顕著になった（図65）。これは、一連のリストをおぼえる課題で、最後のものほどよく思い出す、という記憶研究では一般的な親近性効果と類似している。というのも、数字は画面に同時に呈示されたが、序列化の過程で小さい数字から順番に処理していると考えられるので、最後に脳内で処理された数字（つまり最大の数字）が、中間に位置した数字よりも鮮明におぼえられていても不思議

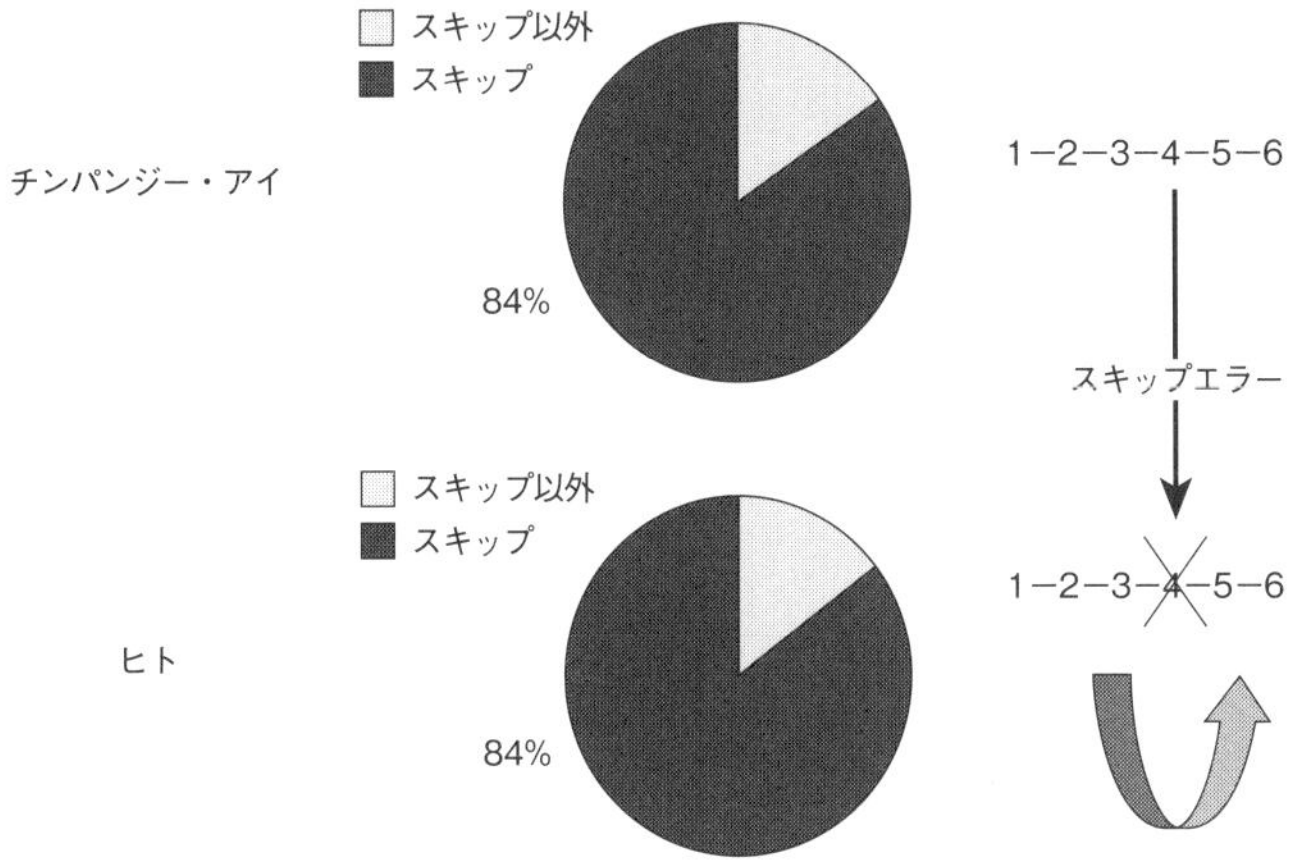

図63……アイと成人のエラー：スキップエラー

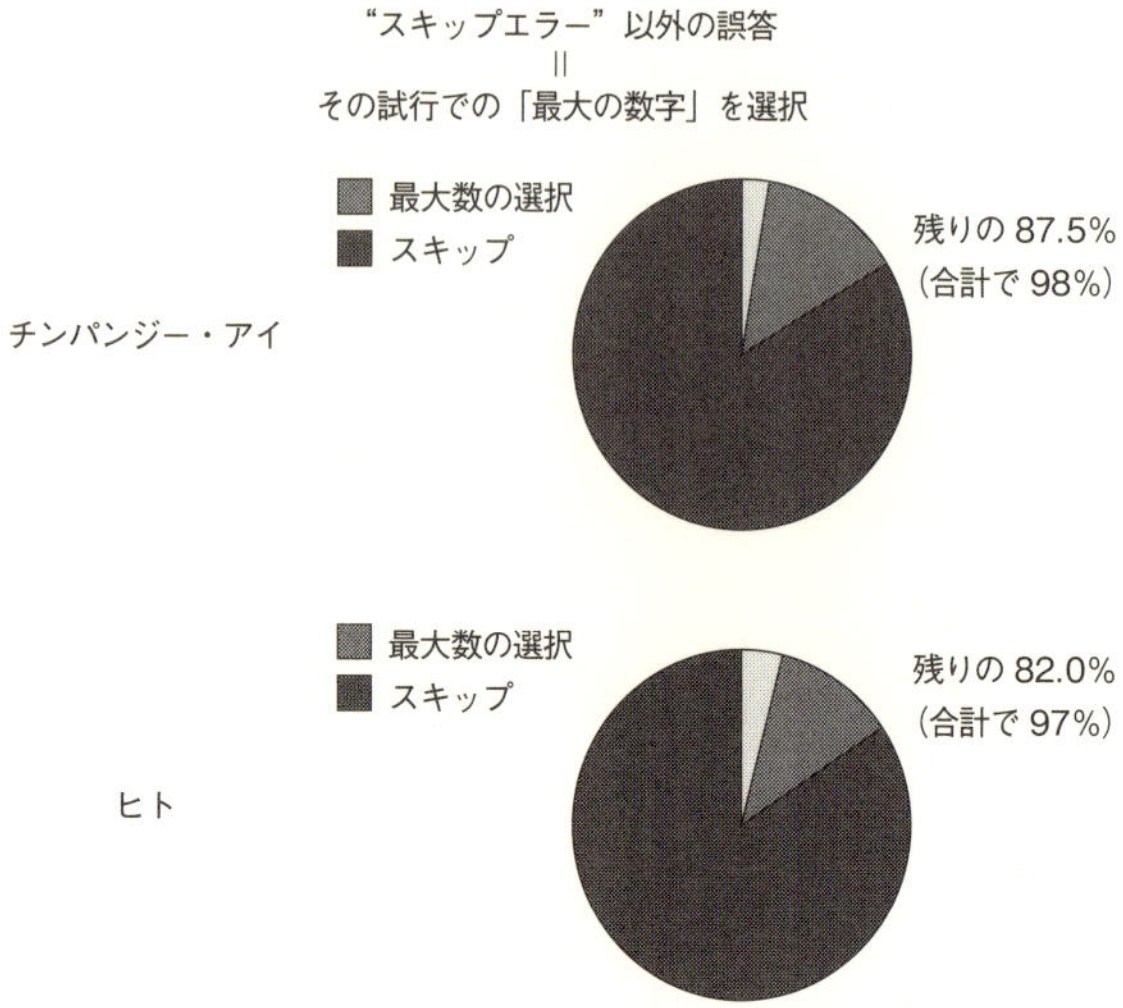

図 64……アイと成人のエラー：最大数の選択

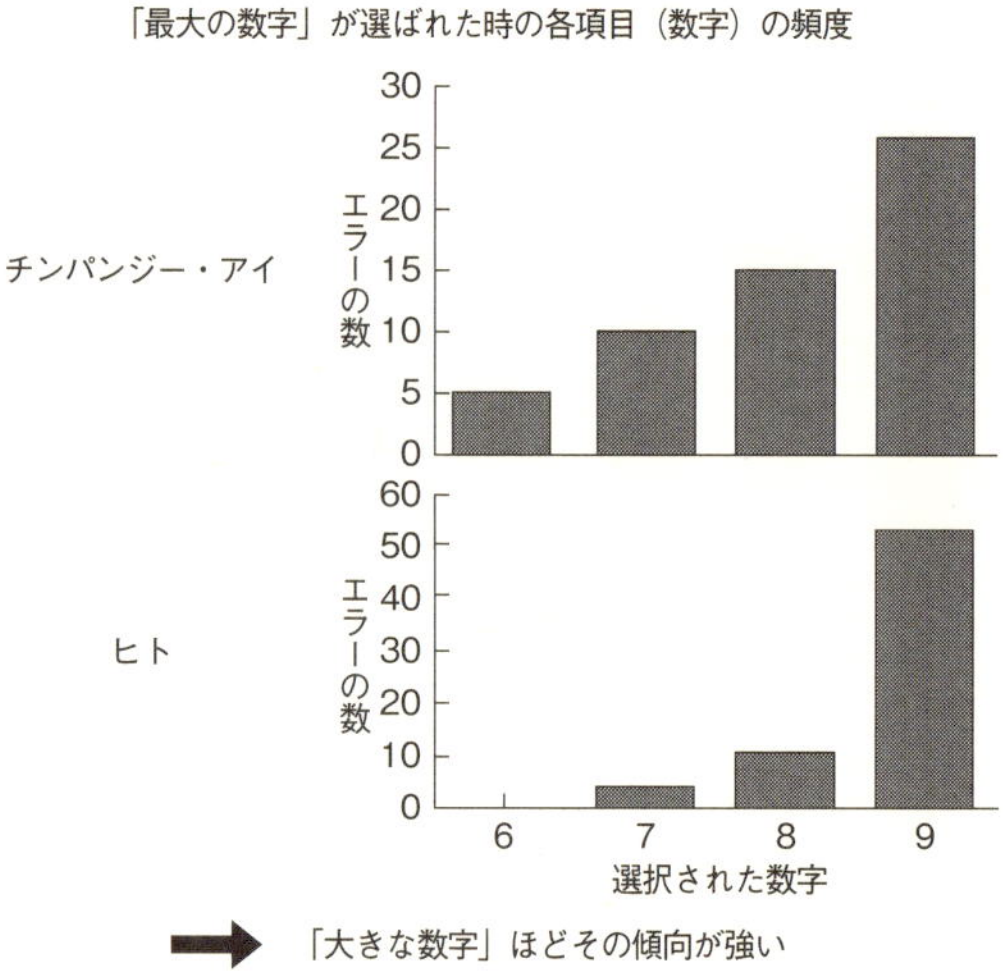

図 65……アイと成人のエラー：最大数の内訳
（Kawai & Matsuzawa, 2001 に基づいて作成）

はない。その結果、途中で数字がどこにあったかわからなくなると、頭の片隅に残っているその最後の数字を選んでしまうのだろう。興味深いのは、「アイは、わからなくなると系列の最後にくる数字を選ぶ」とあらかじめ教えておいたにもかかわらず、ヒトでも同じことが起こったことだ。大学院生は実験後に「自分ではそのような間違いはしていない」といっていたので、いずれも無意識的な間違いである。数字の空間的な近接性や配置は、どの種の誤答にも関係なかった。

一括処理方略におけるヒトとチンパンジーの違い——行動の計画

いくつかの数字に順に反応していく課題では、チンパンジーとヒトはともに一括処理方略を行った。その方略には、順序づけ、記憶などが含まれる。そして、序列化や記憶容量には、ヒトとチンパンジーで違いは見られなかった。では、ヒトとチンパンジーの一括処理方略はまったく同じなのだろうか？　系列的な反応は、後に述べるように言語とも密接に関連した重要な認知機能である。

この課題で必要とされる認知的能力は、数字の認識、数字の序列化、数字やその位置の記憶、そして行動の計画だった。行動の計画以外はヒトとチンパンジーで違いはない。そこで、アイが数字の序列化を行う時に、どのように行動の計画（反応する道順の計画）を立てているかを調べた（Kawai, 2001）。これまでの数字の序列化の実験では、呈示された数字がすべて異なっていたために、数字に順序をつければ自動的にどの順序で反応するかが決まっていた（図66上段）。そこで、すべての数字が異なる条件（たとえば、1—2—3—4—5）を背景試行として、時どき同じ数字が含まれる試行を出してテストを行った。同じ数字が含まれると、反応していく道順がいくつか増える（図66下段）。

５つの数字の中にいくつかの同じ数字を含めると、ちょうどトランプ・ゲームのポーカーのあがり手のようになったので、２つ同じ数字が含まれるものをワン・ペアー条件（たとえば、１―２―２―４―６）、３つ同じ数字が含まれるものをスリー・カード条件（１―２―２―２―３）、４つ同じ数字が含まれるものをフォー・カード条件（１―２―２―２―２）、２つの同じ数字と３つの同じ数字が含まれるものをフルハウス条件（１―１―２―２―２）と呼ぶことにした。

同じ数字は、どちらから選んでも正解だった。そのため、５つの数字の中で同じ数字が多く含まれるほど、デタラメに選んでも正しく答えられる確率（チャンス・レベル）が高くなった。つまり、課題そのものは簡単になった。たとえば、５つすべての数字が異なる場合に、デタラメに選んで正解する確率は０・８％だが、ワン・ペアー条件では１・７％、スリー・カード条件では５％、フォー・カード条件は20％、フルハウス条件は10％だった。しかし逆に、反応の道順は、ワン・ペアー

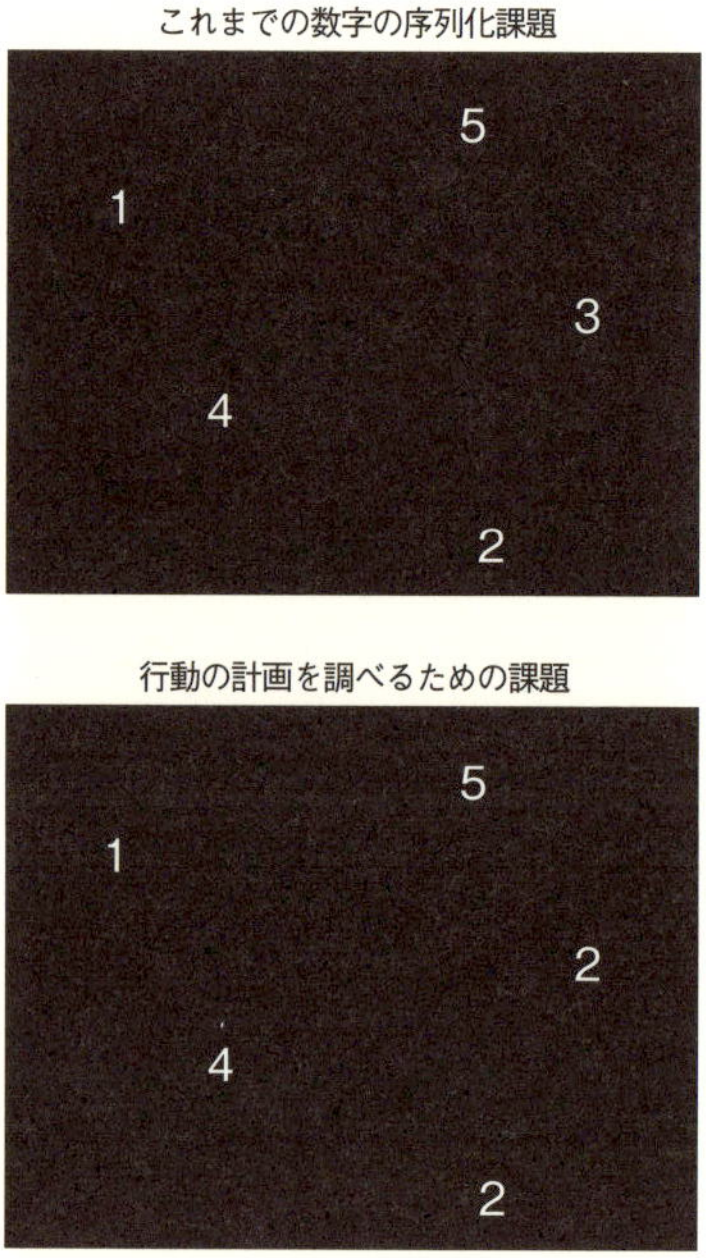

図66……従来の数字の序列化課題と行動の計画を調べるための課題（Kawai, 2001）

条件（2通り）、スリー・カード条件（6通り）、フルハウス条件（12通り）、フォー・カード条件（24通り）と、同じ数字が増えるほど増加した（表3）。

図67の左側の図は、アイが数字を順番に選んだ時の反応時間を示している。これまでと同じように、1番目の反応時間だけが長く、それ以降は短いL字型になっている。しかし、数字を選ぶ道順が多くなるほど、最初に反応するまでの時間が長くなっている。同じ順序の項目はどちらから選んでもよいため、反応する道順が増えたので、どの順序で反応するかという行動の計画（プランニング）に時間を要したと考えられる。つまりアイは、最初にどの道順で選ぶかを「迷った」のだ。そのため、課題は容易になったにもかかわらず、最初に反応するまでの時間が、道順の数に合わせて長くなった。

大学院生を対象に同じテストをしてみたところ、同じ数字が含まれても、すべての数字が異なる場合と反応時間はまったく変わらなかった（図67右側）。ヒトは同じ数字があった時には、それらを「まとめて」処理するのかもしれない。たとえばスリー・カード条件（1—2—2—2—3）は、反応する道順が多くなるが、同じ数字はどれからでもよいので順序をつける過程が短縮できる（1—「222」—3）。その分、処理時間が短くなって、結局は道順が増えた分と相殺されて反応時間が変わらないのかもしれない（図68）。

表3……試行の種類と反応ルートの数（Kawai, 2001）

試行の種類	呈示された数字の例	偶然正解する確率	反応するルートの数
背景試行	1-2-4-6-9	0.8%	1
ワン・ペアー	1-2-2-4-6	1.7%	2
スリー・カード	1-2-2-2-4	5%	6
フルハウス	1-1-2-2-2	10%	12
フォー・カード	1-2-2-2-2	20%	24
同一	2-2-2-2-2	100%	120

このように、情報を階層的にまとめて処理することこそが、チンパンジーとは異なる、ヒトの認知の特徴ではないだろうか。次の分析によって、そのことがよりはっきりした。

情報を圧縮するヒトの能力——チャンク

ヒトは同じ情報（同じ数字）をまとめて処理する傾向があるかを調べるために、テストに含まれていたもうひとつ別の条件を分析した。その条件とは、モニターに呈示される数字がすべて同じというものだった。行動の計画は最初の反応をするまでの時間に反映されるので、その時間を調べた。

図69はテストと背景試行の結果を、呈示された数字の項目数ごとに示している。すべての数字が異なる単純な順序づけの背景試行では、アイとヒトはどちらもモニターに呈示された数字が多くなるほど、最初の数字を選ぶまでの時間が長くなっている。そして、その時間や、時間の増加パターンは、両者でまったくといってよいほど類似している。

それに対して、図70の白丸に示されているように、すべての

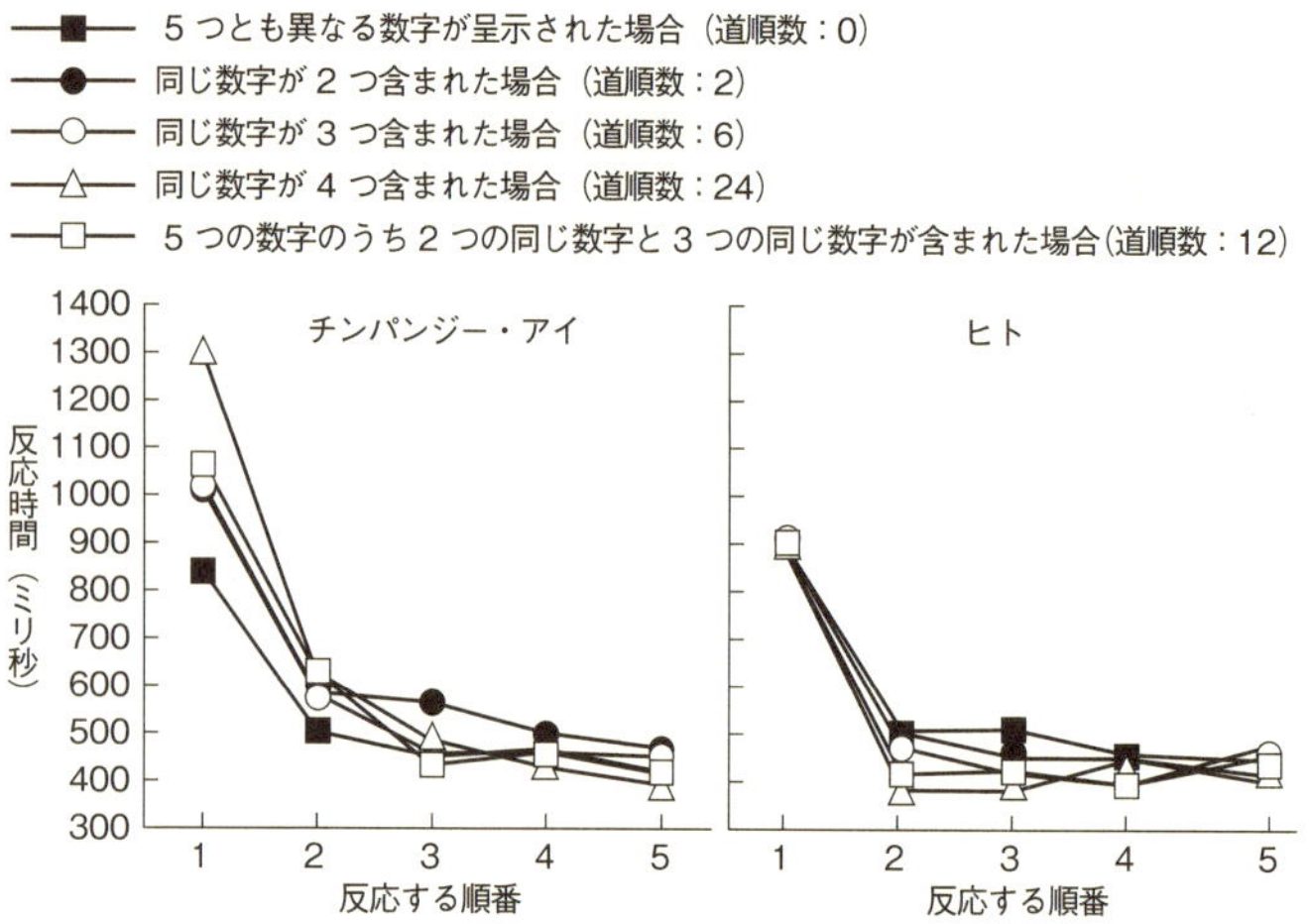

図 67……数字の序列化課題におけるアイとヒトの反応時間（川合，2002）

数字が同じテスト試行では、アイとヒトで大きな違いが見られた（図70）。ヒトでは、背景試行（たとえば、1―2―3―4―5）で呈示される数字が増えるほど反応するまでの時間は長くなるが、テスト試行（たとえば、1―1―1―1―1）では数字の項目数が増えてもそれほど長くならない（図70の白丸の回帰直線が平坦に近くなる）。しかしアイは、どれから反応してもよいテスト試行のほうが、呈示された数字の数に合わせて、より長い時間がかかった（白丸のほうが急峻になる）。つまり、同じ数字がたくさん呈示されるほど、通常の、すべてが異なる数字の試行との差が広がっている。この場合、どの数字を選んでもいずれも正解なのに、かえって遅くなっていることが興味深い。

　すなわち、ヒトではすべての数字が同じ時には、呈示された数字が増えても反応するまでの時間にほとんど影響しないが、アイの場合は、数字が増えると余計に時間がかかる。系列の中

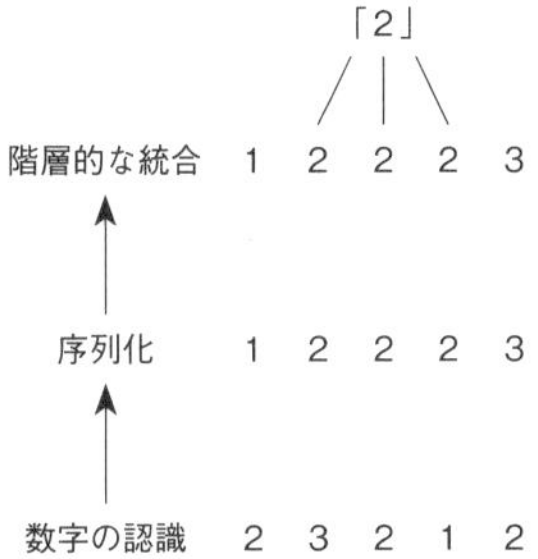

図 68……数字の序列化に含まれる処理過程

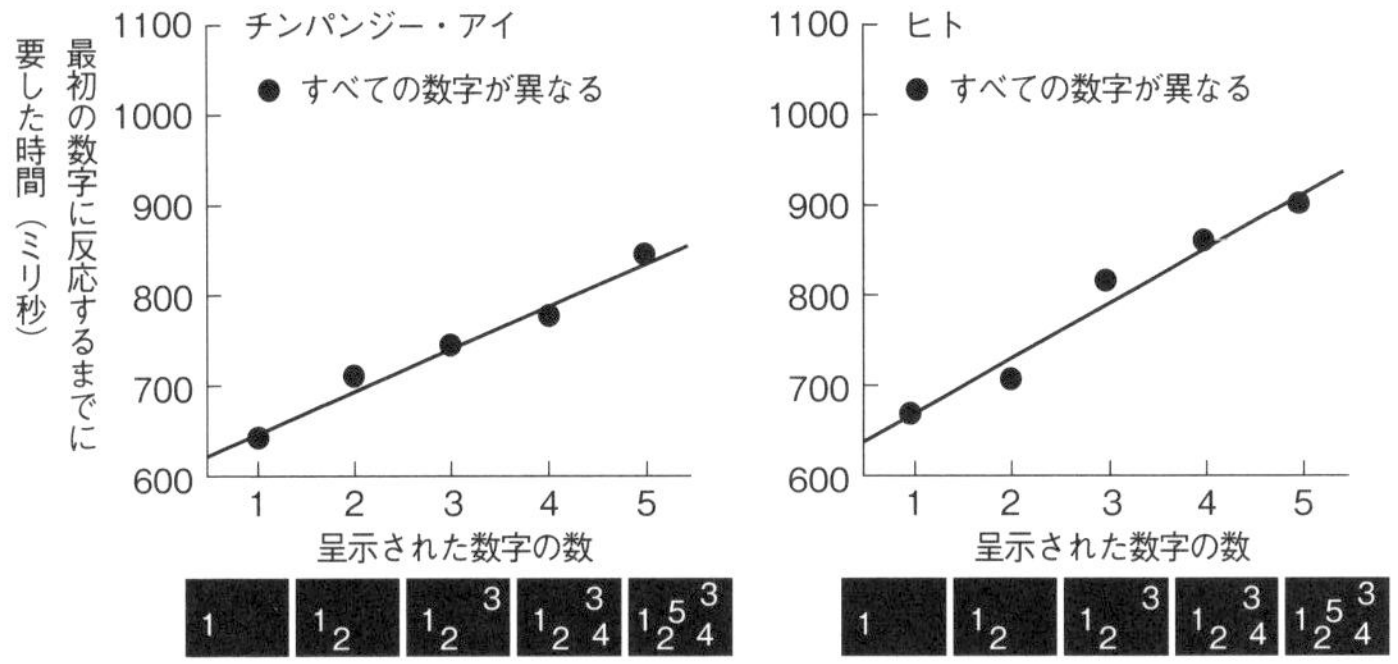

図 69……アイとヒトにおけるすべての数字が異なる試行での第 1 反応時間

（川合，2002）

に同じ順序の情報（数字）が含まれた時の情報処理は、ヒトとチンパンジーで大きく異なる。同じ順序情報が含まれる時に、ヒトで行動するまでの時間が短縮されるのは、それらを「すべて同じ数字」であると認知した（どれから選んでもよいと認知した）瞬間に、どの道順で選ぶかという計算や序列化そのものの処理が圧縮されてしまうからではないだろうか。このプロセスこそが、ヒトの知性に重要なのではないかと考えられる。

それに対して、チンパンジーではそのような処理の圧縮が行われず、結果的に多くできた反応ルートに対する行動の計画に時間がかかったのだろう。

ただし、系列的な処理をしないことがわかっている時には、アイもヒトと同じように、最初に反応するまでの時間は、呈示された数字の個数に影響されない。図71の左端のパネルは、実験の最初から最後まで、試行内の数字はすべて「1」だけだった条件での最初に反応するまでの時間である。この時には、呈示された数字がいくつあったかにかかわらず、最初に反応するまでの時間は完全に等しくなった（線が平坦になっている）。つまり呈示された数字を手当たり次第に選んで

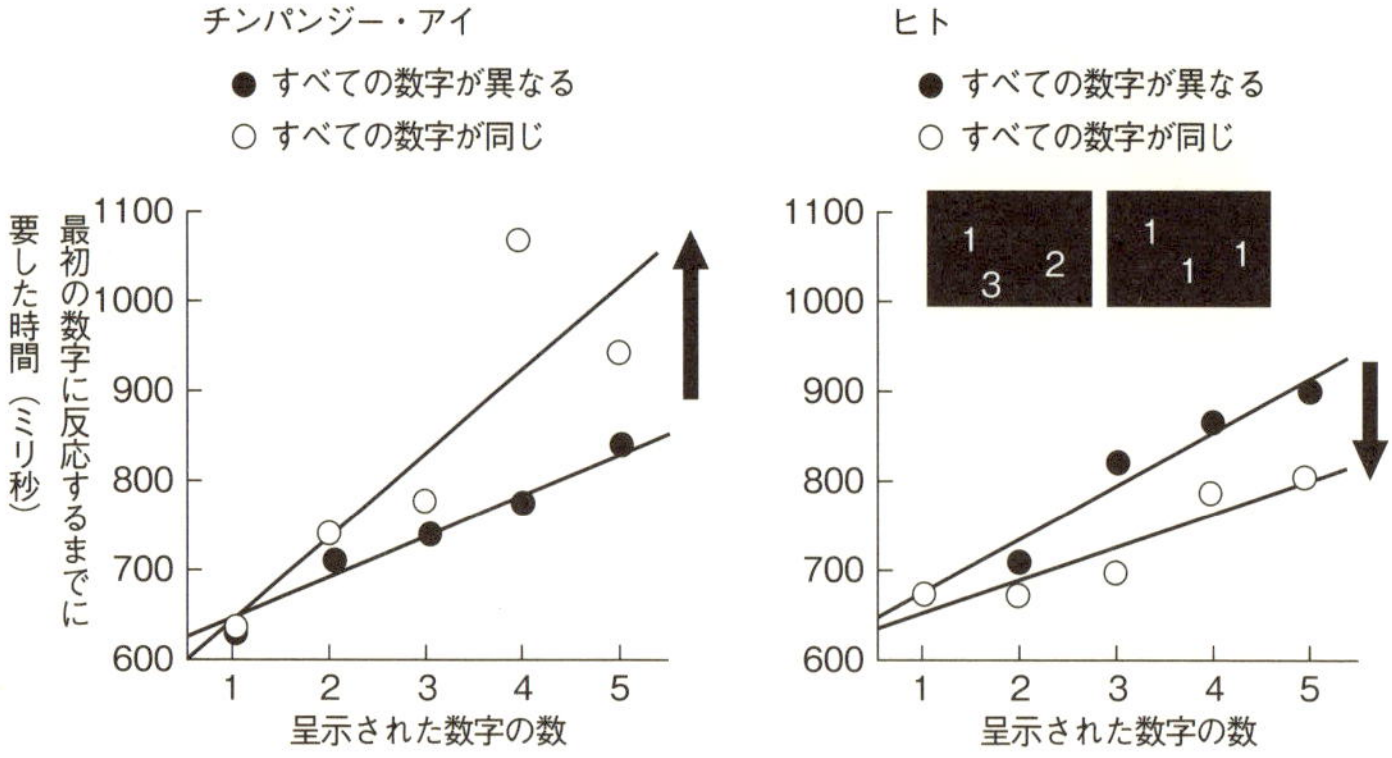

図70……アイとヒトにおけるすべての数字が同じ試行での第1反応時間

いくだけなので、順序づけを行う必要がなく、単純に刺激に反応するまでの時間しか要しなかったのだ。「1」の代わりに、試行ごとに呈示される数字は異なるが、その試行で呈示される数字は一貫して同じ条件（図71中央のパネル）や、「1」の代わりに白い四角形が1～5つ呈示された条件（図71右端のパネル）での最初に反応するまでの時間でもその傾向は同じだった。これらの試行は、いずれもどの刺激から反応してもすべて正答になる。このように系列的な処理を行う必要がない時には、アイの反応時間はヒトと同様に完全に平坦になった。これらのことは、「系列的な処理をする必要がない」という構えができていれば、アイもヒトと同じように反応ルートの計画を短縮化できることを示している。しかし、順序づけをしなければならない状況の中で、たまたま出てきた「同じ数字」を、「同じもの」とまとめて（チャンク化）、順序づけのプロセスを省略することは難しいのかもしれない。

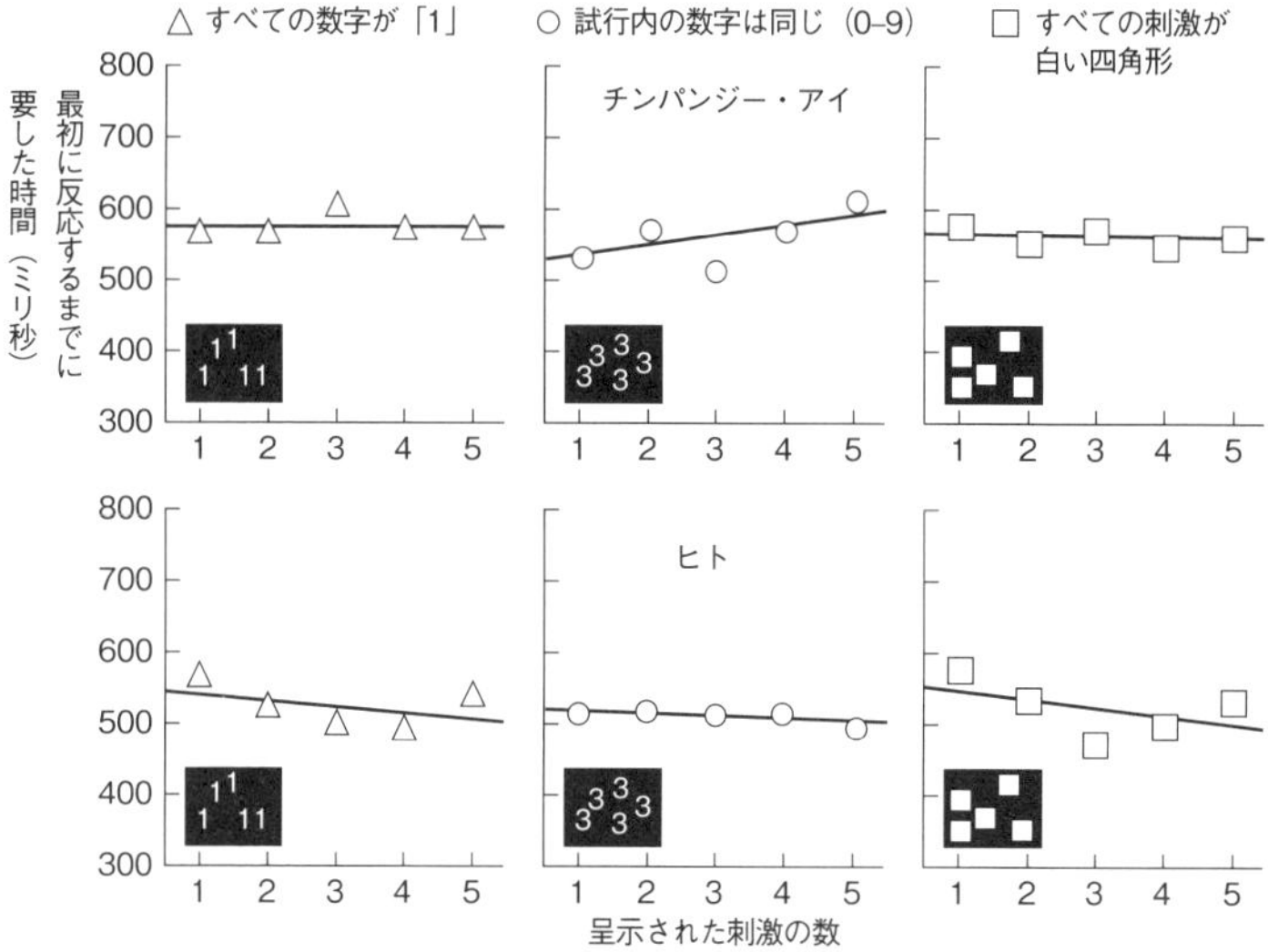

図71……系列的な反応を行わない試行でのアイとヒトの反応時間

逆にいえば、ヒトは系列的な処理を行う文脈においても、同じ順序の数字があれば、それらを「まとめ」、全体として処理する項目数を減らす。つまりヒトは、同じもの、あるいは意味的に類似した情報をまとめることによって、処理を減らしていると考えられるが、チンパンジーではそのような処理は行われていないようなのだ。

チャンクの発達

ヒトは、系列的な処理を行う際に、何歳くらいから同一項目の反応ルートの計画を短縮できるのだろうか。4～10歳の子どもたちを対象に、これまでと同じ装置を用いて実験を行った。ただし、呈示する数字は0を省いた1～9とした。その結果、すべての年齢において最初に反応するまでの時間だけが長く、それ以降は短く互いに差のないL型となった。つまり、ヒトは4歳ですでに一括処理をしていることを示している。しかし、4、5歳児は、2番目以降の反応で系列が非連続になったところ（1―2―3―6―7なら、3から6へのギャップ後の6）での反応時間が顕著に長くなるので、逐次処理も合わせて行っていると考えられる。

図72は、すべての数字が異なる背景試行と、すべての数字が同じテスト試行での、それぞれの年齢グループごとの最初に反応するまでの時間を示している。5歳児を除けば、背景試行は呈示された数字の数が多くなるほど直線的に反応時間が長くなっている。

このテスト試行の結果を見れば（図72の黒丸）、6歳以降では、呈示された数字が増えても最初の反応時間は変化しない。それに対して4歳と5歳のテスト試行は、すべての数字が異なる試行に比べればあまり影響を受けていないように見えるが、それでも呈示された数字の数が増えるほど最初の項目に反応するまでの時間が長くなっている。

しかし、7歳児ではテスト試行での反応時間に対する回帰直線が完全に平坦になっており、十分に反応ルートの計画の短縮化ができていることをうかがわせる。それに対して5歳児では、背景試行よりもテスト試行の反応時間が短かったが、系列内にいくつかの同じ数字が含まれた別のテスト試行（ワン・ペアー条件など）では、チンパンジー・アイのように、背景試行よりも反応が長くなった。これらを合わせて考えると、系列的な処理を行う際の情報の短縮化が行われるのは、6歳頃からだと考えられる。

情報をまとめる能力——言語の基盤

複数の項目を1つの情報にまとめるこの能力は、ヒトの知性とどのようなかかわりがあるのだろうか？　実は、情報をまと

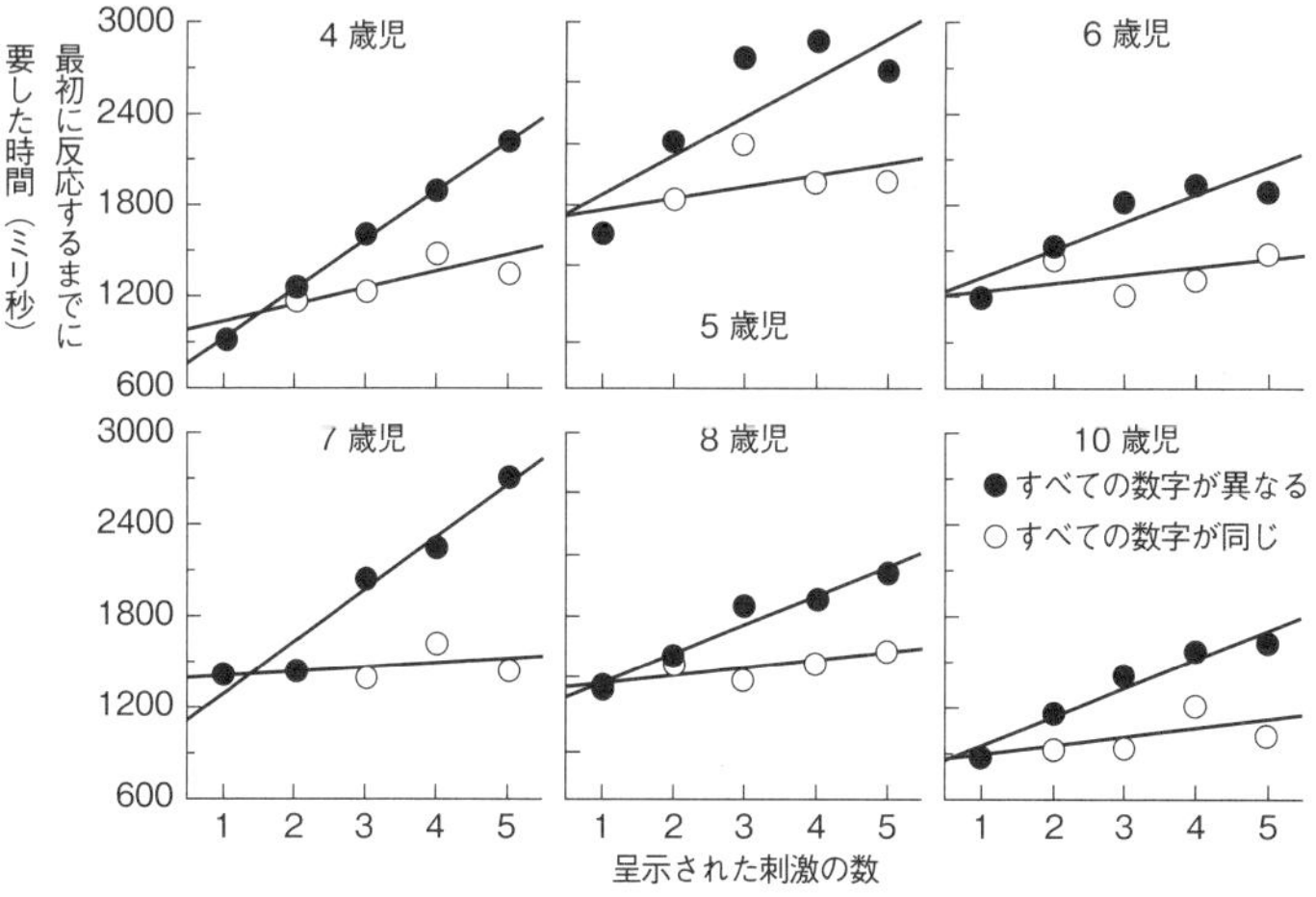

図72……数字の序列化課題における子どもの反応時間（川合，2002）

める能力は、記憶や思考といったヒトの高次認知機能と密接なかかわりをもっている。たとえば、「７９４１１９２１８６８」という11けたの数字をおぼえられるだろうか。このままではおぼえられなくても、７９４（７９４年＝鳴くよウグイス平安京）、１１９２（１１９２年＝いい国つくろう鎌倉幕府）、１８６８（１８６８年＝ひとつやろうや明治政府）と３つの意味のある数字に分けられることに気づくと、簡単におぼえられる（図73）。これは、11けたの数字がいくつかの数字ごとにまとめられて、３項目に分節化されたからだ。

このような意味的なひとまとまりの項目を「チャンク」（統合化）という。チャンクは数字に限らず、文字やアルファベットなどあらゆるものに適用できる。さらにチャンクのチャンク（先の例では、「いずれも日本の政治の体制が代わった年」というさらに高次の情報にまとめること）や、そのままチャンクというように、意味のあるもの同士を階層的にまとめることで（チャンク化）、情報をどんどん圧縮できる。このようにして、ヒトは作業記憶の負荷を減らしており、またそこに意味を見いだしている。

チャンク化は、語呂合わせのように意図的になされることもあるが、無意識で自動的に行われると考えられる。そうでなければ、私たちは（作業記憶の容量の限界である）７文字以上からなる文や発話を理解することが困難なはずである。

79411921868

おぼえられますか？

⬇

794年　平安京遷都（鳴くよウグイス）

1192年　鎌倉幕府開く（いい国つくろう）

1868年　明治新政府（ひとつやろうや）

⬇

これでどうですか？

79411921868

図73……数字のチャンク化の模式図

私たちの会話を考えてみよう。「き・の・う・は・お・そ・く・ま・で・お・き・て・い・た・の・で・き・ょ・う・は・す・こ・し・ね・む・い」という連続した音を、私たちは「昨日は遅くまで起きていたので、今日は少し眠い」というように、連続する音をいくつかの単語に、そのいくつかの単語をまとめて文として聞いている。目や耳から入った連続的な文字列や音は、意味を成す単語にまとめられ、さらにその単語が組み合わさって句となり、句が統合されて文となる。そのようにして初めて「意味」がわかる（図74）。文字を読めるようになったばかりの子どもは、「お・じ・い・さ・ん・は・や・ま・に・し・ば・か・り・に・お・ば・あ・さ・ん・は・か・わ・に」と1文字ずつ声に出して読むが、この段階では文字が読めることがうれしいだけで、文としての意味を理解していない。ヒトは音素や文字を階層的に統合しなければ、文や会話を理解できない。このように情報をいくつかの単位に統合する能力は、言語の理解と密接にかかわっている。今のところ、ヒト以外の動物で「チャンク」の証拠が見られないことは興味深い。

言語学者のノーム・チョムスキーは、真の意味で言語を有しているのはヒトだけであり、それは生得的に獲得されていると主張した。チョムスキーの重視する統語規則は、階層的な構造をしている。

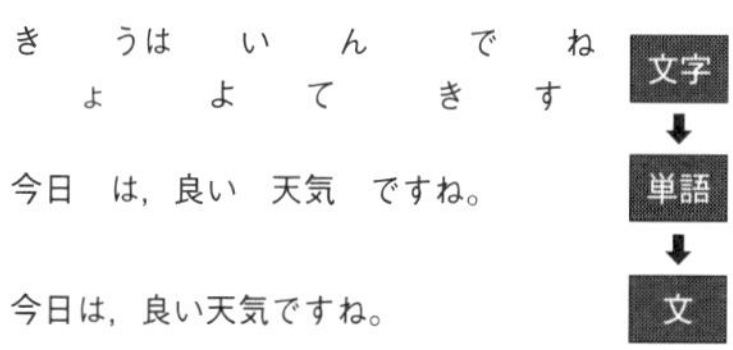

図 74……文字の統合の模式図：情報の階層的統合による意味の理解

ヒトの心の特徴と「心の理論」

ヒトとヒト以外の動物の心を分けるのは「心の理論」の有無である、といわれることがある。「心の理論」とは、デイヴィッド・プレマックらが1978年に提唱したもので、私たちは他者の心の状態をどのように推測しているか、ということに関する仮説である。その仮説にしたがえば、私たちは科学理論のように、「心の理論」を用いて他者の心的状態を推測している。しかし、これまでの実験から、3歳半以下の子ども、多くの自閉症児・者、チンパンジーは「心の理論」をもっていないとされる。その「心の理論」の有無を調べるテストの代表的なもののひとつとして次のようなものがある。以下に述べる場面や状況は、通常、紙芝居や写真で見せられる。

①太郎君がお菓子を食べて、残りを台所の戸棚にしまってから遊びに出かけました。
②その後、お母さんが台所を掃除して、お菓子の缶を戸棚からひきだしにしまってから買い物に出かけました。
③太郎君が戻ってきて台所でお菓子を探そうとしました。

この様子を紙芝居（やビデオ）で見たあとで、子どもたちは「太郎君はお菓子がどこにあると思っていますか」と問われる。

成人なら、「太郎君は自分でお菓子を戸棚にしまったのだから、戸棚にあると信じているはず」と答える。しかし、チンパンジーや4歳以下のヒトの幼児では「ひきだしの中」と答える。今ではいくつものバリエーションが考案されているこのようなテストの結果から、チンパンジーや幼児は、他者が心に抱く表象を推論できない、といわれる。現在、この「心の理論」の有無がヒトとヒト以外の動物（類人猿）を分けるものだといわれることが多い。

しかしチンパンジーは、「誤信念課題」と呼ばれるこのテストの複雑な課題構造を、作業記憶で処理しきれないだけかもしれない。質問を受けた側は、「最後にお母さんが『お菓子をひきだしにしまった』」ので「お菓子がひきだしにある」ことを知っているが、太郎君がどう思っているかを聞かれたので、「太郎君は『お菓子が戸棚にある』と信じている」ことを答えなければならない。大人が一度聞いても理解しにくいこのテストにうまく答えるには、お菓子とその置き場所をひとまとめにした上で、そのまとまりが誰の知識なのか階層的に関係づける必要があるだろう（図75）。すなわち、単に「他者の気持ちがわかる」といった「共感」の問題ではなく、自分は「お菓子はひきだしにある」という情報をもった状態で、「太郎君は、『お菓子は戸棚にある』と思っている」というように、情報の関係を入れ子状の階層にする、あるいは深い階層の情報を理解することが必要なのだ（図76）。

チンパンジーが「他者の心の状態を理解できない」ように見えるのは、チャンク化や階層的な関係の理解がヒトほど深くできないからなのかもしれない。図77に示したのは、これまでにチンパンジーで観察された最も複雑な階層をもった関係づけを、松沢哲郎先生がまとめたものである。情報を階層的に関連づけることができても、3層以上にすることはできないようだ。そうだとすれば、現在考えられているヒトとチンパンジーの心の差異は、他者の心の状態を推論できるか否か、という「心の理論」の有無ではなく、情報をどこまで階層的にまとめることができるか、ということだといえる。逆にいえば、ヒトが他者の心の状態を推測できるようになったのは、このように情報を階層的に理解できるようになったからなのかもしれない。

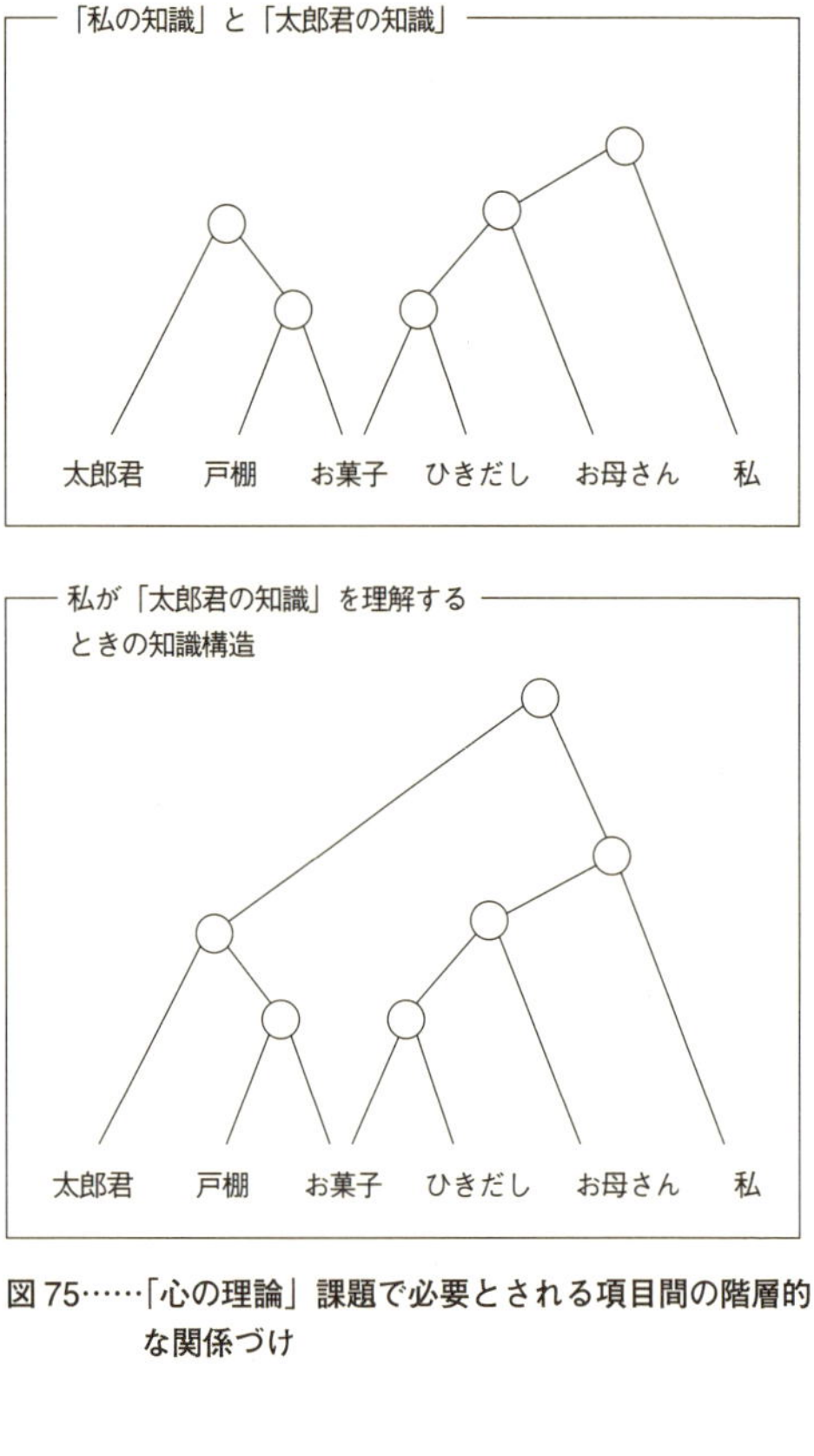

図75……「心の理論」課題で必要とされる項目間の階層的な関係づけ

論理的思考の基盤――部分的な情報の組み合わせ

ヒトの高次な心の働きには、推論や論理的な思考が含まれる。推理とは、既知の事実をもとにして、未知の事柄を推し量ることである。また、論理とは与えられた条件から正しい結論を得るための考え方の筋道を指す。いずれも、ある部分的な情報をもとにして、その背後にある事柄を導き出そうとする思考のことである。情報をまとめて、より高次の全体的な情報を知る、という意味では、先に述べたことと関連している。はたしてヒト以外の動物は、推論をするのだろうか？

　たとえば、「A」というラベルがついたものと「B」というラベルがついたものでは「A」のほうが多く、「B」と「C」では「B」のほうが多い場合、ヒトはAとCを直接比較しなくても、A＞Cであることを

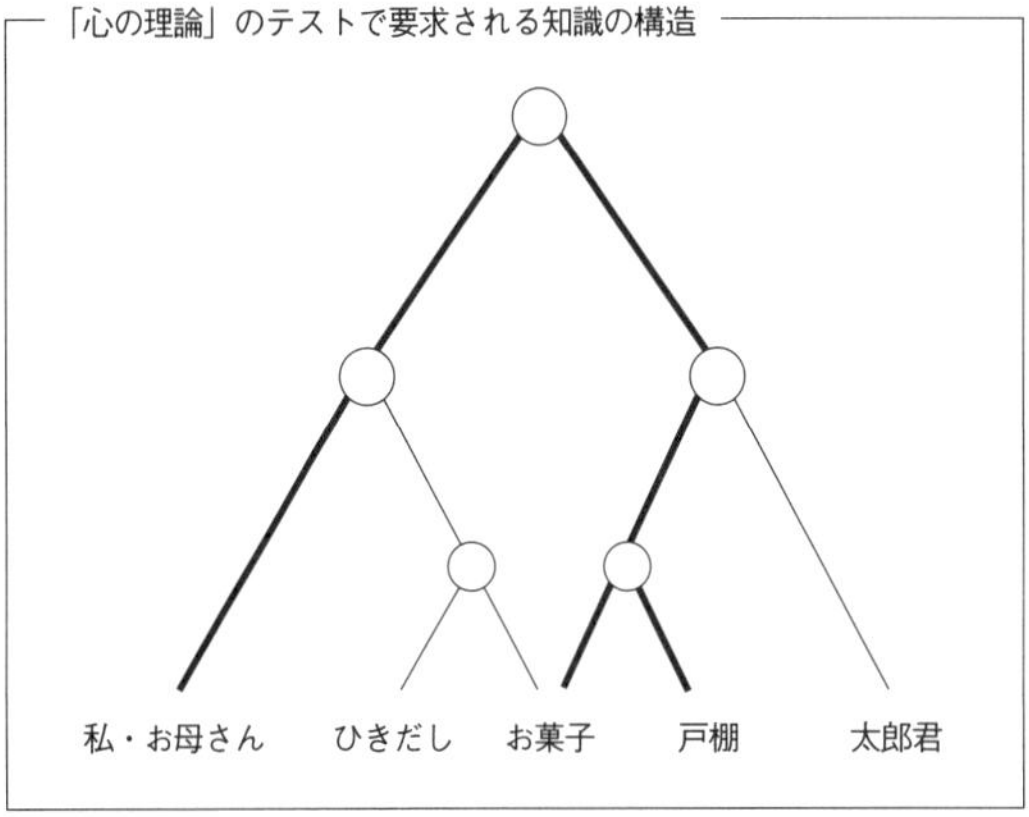

図76……「心の理論」課題で行っていると考えられる関係づけ

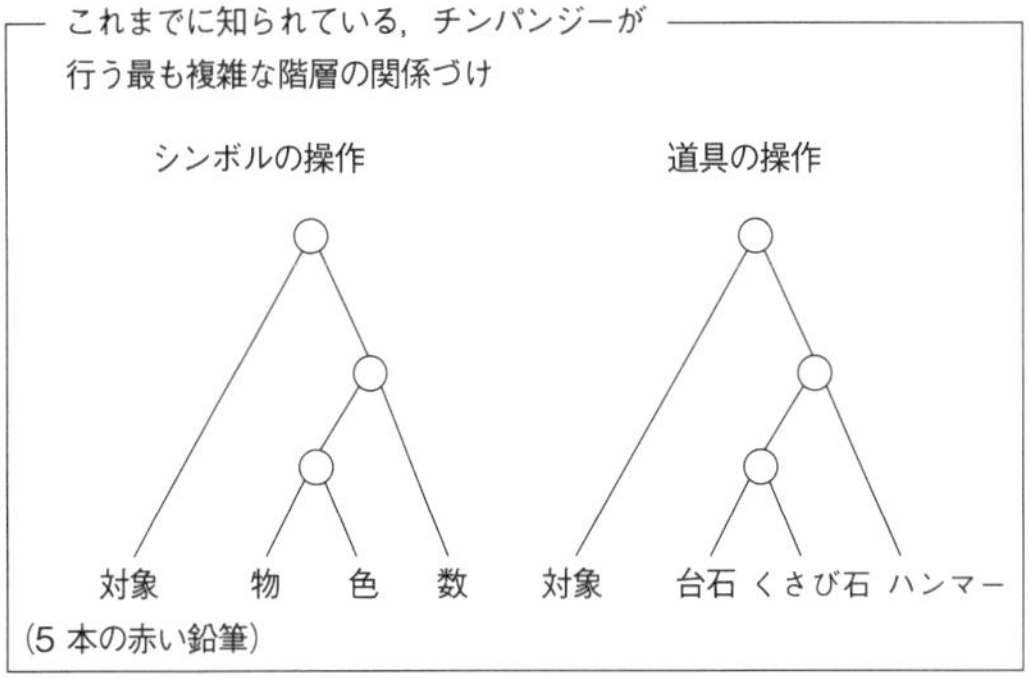

図77……チンパンジーが行う階層的な関係づけ
（松沢，2000より改変）

推論する。

このような一種の三段論法を「推移的推論」、あるいは「推移律」という。この推移律を調べるテストでは、最初にいくつかの組み合わせの関係が教えられる（A＞B, B＞C, C＞D, D＞E）。しかしテストでは、これまでに見たことのない新たな組み合わせで、どちらを選ぶかが調べられる（たとえば、BとD）。この組み合わせで、正しくBを選ぶためには、部分的な順序関係（A＞B, B＞C, C＞D, D＞E）を統合し、1つの包括的な系列表象を作り上げて（A＞B＞C＞D＞E）、その中からテストされる刺激の相対的な序列関係を判断しなければならない。成人ではこの問題は難しくないが、発達心理学の大家であったジャン・ピアジェによれば、子どもは7歳頃にならなければこの推論ができない（後の実験で、約4歳で解けることがわかった）。

新世界ザルの一種であるリスザルが推移律による推論を示すので、この推論には必ずしも言語的な能力や命題は必要でないと考えられる。しかし、ある刺激系列内での関係が、「言語的な」すなわち「シンボル的な」表象を媒介して、別の刺激クラスに波及するだろうか？　すなわち、ある系列内の情報を組み合わせて行うものが推論であるなら、その系列を超えて情報を使うことができるだろうか？　チンパンジー・アイは、色を見てその色を漢字で答え、漢字を見てその漢字の色を選ぶことができる（図79参照）。色の順序を教えれば、漢字でもその順序通りに選ぶだろうか？　これが問いだった。いわば、「推論に基づいた推論」ともいうべきメタ・レベルの推論を行うかどうかを、色と漢字の関係を学習したアイを対象にして調べた。松沢哲郎先生との共同研究である。

チンパンジーは推理するか?――情報の組み合わせによる推理

まずアイに5つの色の順序を教え、それらの間で推移律が見られるかを調べた。それから、それらの色に対応した漢字に対しても色の順序関係が保たれるか、すなわち「推論の推論」が示されるかをテストした。

最初の実験では、アイがすでにカテゴリー化している5つの色を用いた。それらの5つの色には任意の順序をつけた(赤↓黄↓緑↓桃↓灰)。ただしこれら5つの色をすべて並べて出すのではなく、隣接する組み合わせを1つのペアーとし、合計4つのペアー(赤↓黄、黄↓緑、緑↓桃、桃↓灰)を個別に呈示した。そして最後のテストで、赤と緑といった、これまでに見たことのない組み合わせを与えた。

表4の上側は、それぞれの組み合わせにおける正答率と反応時間を示している(実際には正誤のフィードバックを与えなかったが、赤からはじまる系列の順序の通り選べば「正答」と見なした)。アイはこれまでに呈示されたことのない6通りすべての非隣接項目の選択において、ほとんど赤からはじまる一連の系列にしたがって選択した。つまり、部分的な順序関係に基づいて、それまでに見たことのない順序関係を推理(推移律)した。

北米で、アイと同じように数の序列化の訓練を受けたチンパンジー・シバがこれと同じテストを受けたが、理論的に一番重要な組み合わせのテスト(黄(B)と桃(D))で黄(B)から選んだ

表 4……訓練された組み合わせと訓練されていない組み合わせにおいてアイが正しく選んだ割合（正答率）

推論のテストにおける各組み合わせでの正答率（%）と反応時間（ミリ秒）

	隣接項目				非隣接項目					
	赤・黄	黄・緑	緑・桃	桃・灰	赤・緑	赤・桃	赤・灰	黄・桃	黄・灰	緑・灰
正答率	100	90	80	80	100	100	100	100	80	100
反応時間	715.1	736.6	716.5	551	507.4	629.8	549.8	573.7	658.5	591.9

「推論の推論」テストでの正答率（%）

	訓練項目（色片）				非訓練項目（テスト）									
	隣接項目				隣接項目				非隣接項目					
テスト	赤・黄	黄・緑	緑・桃	桃・灰	赤・黄	黄・緑	緑・桃	桃・灰	赤・緑	赤・桃	赤・灰	黄・桃	黄・灰	緑・灰
漢字	100	100	100	100	36	45	91	9	64	82	64	45	45	73
図形文字	100	100	100	100	64	64	82	18	45	82	18	91	9	55

確率は約80%だった。それに対してアイは、100%の確率で黄から選んだ。それでもシバの成績は、数の序列化の訓練を受けていない他のチンパンジーたちよりもよかった。アイの正答率のほうがシバ（当時、1から4の訓練しか受けていない）よりも高いのは、アイのほうがより大きな範囲の数（0から9）の訓練を受けていたことと関連しており、数の序列化の訓練が推移律に促進的な影響を与えているのかもしれない。

推理の積み重ね——推理に基づく推理は可能か

チンパンジー・アイは、部分的な色の順序関係をまとめて、全体的な色の順序を理解していることがわかった。次に、色の順序関係をそのシンボルである漢字でも適用できるかを調べた。

先の推移律のテストと同じように、通常の色の序列化課題を訓練しておき、時どきフィードバックを与えないテストを行った。そのテストでは、漢字を2つ1組にして呈示し、どちらから選ぶかを調べた。赤（漢字の色を「・」をつけて表現する）と黄の組み合わせでは、赤から選べば正解である。このテストを、5つの漢字で可能な10組すべての組み合わせで調べた（図78、79）。

テストの結果、特定の組み合わせでは、色片で訓練された順序に合わせて漢字を選んだ。つまり、赤→黄、黄→緑……という、訓練されたいくつかの順序は、漢字においても保たれていた。しかし、一貫して逆の順から選ぶ組み合わせもあった。それらを総合して考えると、漢字というシンボルレベルでの推理（推移律）は示されなかったといえる（表4下側の「非訓練項目」参照）。

推論の推論と想像力

推論のひとつに、「想像」も含まれるかもしれない。辞書によれば、想像とは「実際に見えない

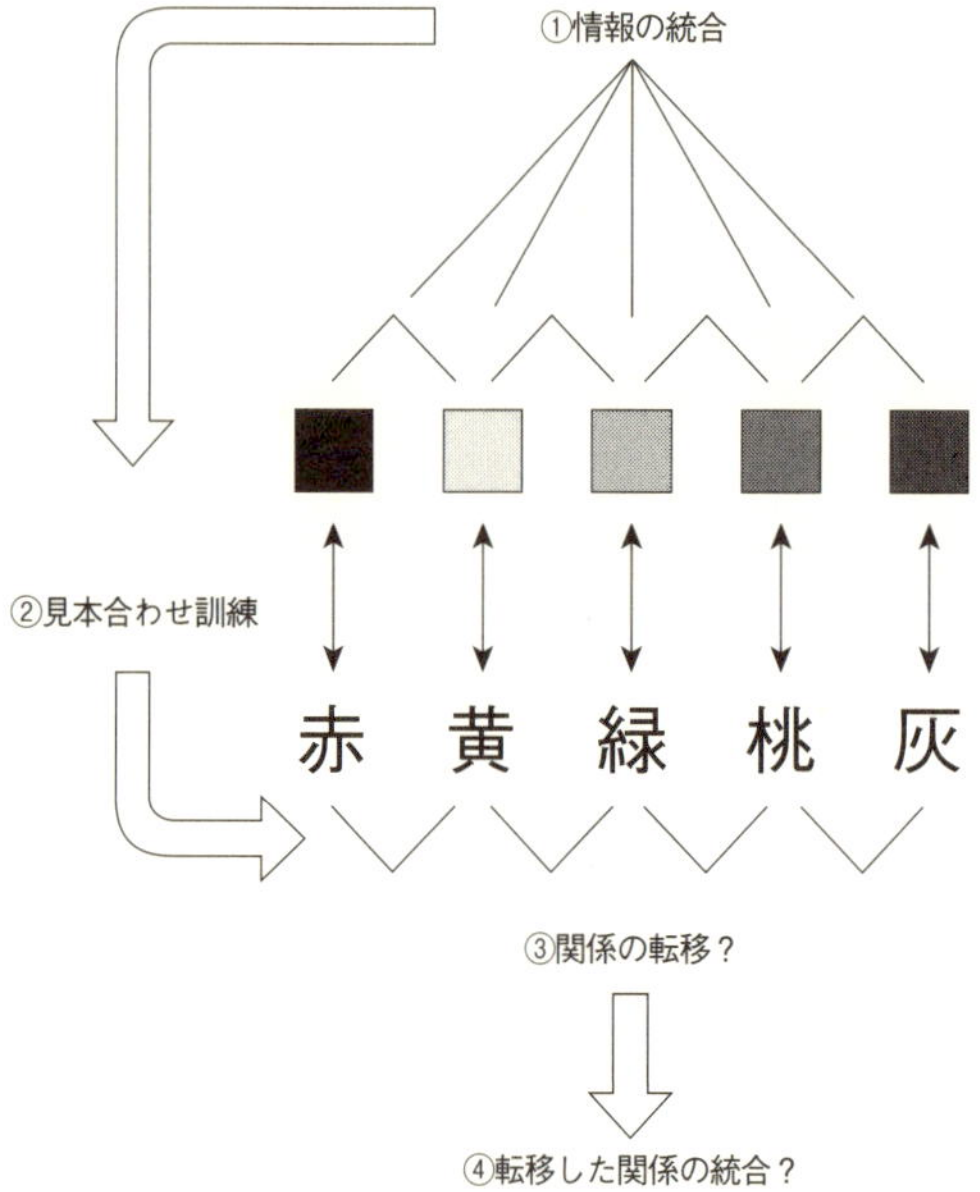

図78……色の順序関係とそれに対応するシンボルの関係

図79……漢字と色の見本合わせを行うアイ

（聞いたことのない）物事について、多分こういうものだろうと頭の中で考えること」である。想像が推論と異なるのは、根拠となる情報がどこまで事実に基づいているかだろう。推論はある事実（情報）に基づいて行われるが、想像には必ずしも根拠は必要ない。しかし、「3次元以上の世界」や「宇宙の外」といった、まったく手がかりとなる情報がないことを想像するのは難しい。私たちが行う縦横無尽な想像とは、出発点こそ事実や手がかりに根ざしているかもしれないが、そこからどんどん離れて自由に広がっていくものなのである。いわば、推論の推論にさらに推論を重ねたようなものだろう。

チンパンジーでさえ推論に基づく推論は難しいようだが、はたして動物は想像するのだろうか？

類人猿の言語習得と「今そこにない」もの

類人猿の言語習得の成果に対して、類人猿は「今そこに存在しない（見えない）事象」について言及しない、との批判がある。「天王星の生物」や「宇宙がはじまる以前の世界」のように、ヒトが想像もつかないものをイメージしにくいように、類人猿はその場にないもののイメージをもちにくいのかもしれない。ヒトがその場に（手がかりやシンボルさえ）存在しないものに言及できるのは、その豊かな想像力によるのだろう。

「鮮明でないイメージ」あるいは「意識に上らないイメージ」というものを、逆に私たちはイメージしにくいかもしれない。しかし、ある食物のおいしさや、すっぱさ、暖かいという感覚や、触感の柔らかいイメージなどは、視覚や聴覚のイメージのように鮮明でないし、ありありと再現することも難しい。ある料理がおいしかったことは思い出せても、どのようにおいしかったかというイメージを再現することはできない。

最近、動物にエピソード記憶（自分に関することで、過去に一度だけ生じた出来事を思い出すこと）があるかどうかが盛んに議論されているが、そのことも動物のイメージの限界と強くかかわっているのではないかと考えている。

動物がもつイメージの進化——ヒトの想像におけるチャンクの役割

どのような動物にとっても、自分が生きている世界とは、視界、音、におい、触感などの感覚入力が脳で統合されて作り出されるものである。感覚受容器と神経系での処理が洗練されるにつれて、脳によって作り出される外界の表象（世界のイメージ）は、より複雑でかつ鮮明になってくる。

そして同時に、みずから作り出す外界についてのイメージも複雑かつ鮮明になっていったのではないだろうか？　生得的な仕組みに従って感覚入力を処理・反応するだけの単純な動物は、おそらく脳内に外界のイメージをもたないだろう。学習の能力をもたないそのような動物は、感覚器官の入力パターンが世界のすべてである。

しかし、生得的な情報処理のほかに、学習という能力によって動物は外界についてのイメージをもてるようになった。学習能力をもった動物は、信号によって「今そこにない対象のイメージ」が喚起される。パブロフのイヌは、ベルの音によって食物のイメージをかき立てられたのである。

動物の神経系が複雑になるにつれて、実際に処理する感覚入力情報だけでなく、みずから作り出すイメージも複雑かつ鮮明になっていったのかもしれない。たとえば、条件づけで、魚類は単純な刺激（ベルの音）と刺激（食物）の関係しか学習しないが、哺乳類は具体的にどのくらいの量や質の食物が呈示されるかまで学習する。そのために、信号によってイメージしたものと同等のものが得られない時に、哺乳類はがっかりする。それは、哺乳類は単に食物の有無だけでなく、どのくらいの量や質の食物が得られるかをかなり鮮明にイメージするからだろう。

両生類から爬虫類、そして哺乳類へと至る進化の過程で、複雑で鮮明な外界のイメージをもつようになったのは、哺乳類の生活が両生類や爬虫類に比べて先の予測がつきにくいものであり、環境から多くの要請があるためだと考えられる。哺乳類は内温性を有するため、基礎代謝が高く、しょっちゅう食べていないと生存できない。そのため、エサを探し回る必要があり、そのことは捕食者と遭遇する危険性も増えることを意味する。それに対して多くの両生類や爬虫類は、しばらくエサを食べなくても生きていける。中には数か月から1年近くエサにありつけなくても平気な動物がいる。

そしてヒトとは——豊かな想像力をもつ生物としての存在

かなり単純な神経系をもった動物でさえ、時間的に接近して生じた出来事を結びつけて理解（学習）する。哺乳類の中でも特に霊長類は、いくつかの部分的な関係を組み合わせることで、これまでに経験したことのない関係をも推理・理解する。しかし、チンパンジーでさえもこの推論の能力には限界があり、推論を積み上げて「推論に基づく推論をする」ことが難しい。しかしヒトは、イメージを際限なく積み上げていくことが可能である。その最たるものが「想像」だといえるかもしれない。その無限の積み重ねは、「チャンク」という意味のフィルターを通して情報をひとまとめにする能力と関連しているかもしれない。

ヒトの高度な思考のある側面は、明らかに想像力に根ざしており、その想像力によって目の前で生じていること以上のことを理解できる。科学史上の発見を見ていると、偉大な天才たちは限られた観察結果から、すばらしい想像力を駆使して、光の性質や重力の法則などを見抜いてきた。

また、日常的に使用している愛や死といった抽象的な概念もまさしく想像の産物である。500万年といわれる人類の歴史の中でも、埋葬の記録は最古のものでさえ約10万～20万年前と比較的新しく、装飾や絵画の記録はもっと新しい。こういった抽象的な概念はごく最近になってヒトに宿ったのかもしれない。エチオピアで発見された化石から、現生人類（ホモ・サピエンス）は約20万年前に出現したと考えられている。象徴的思考は現生人類に起源をもつのか、それ以前の人類ももっていたのか、装飾品などの化石的資料から現在盛んに議論されている。

いずれにせよ、想像性に根ざした抽象的な概念の使用というすばらしい能力によって、物理的因果関係を理解し、複雑な道具の製作から、住居のような大きな建造物の設計・製作を行い、やがて地球環境までを変えるに至ったのだろう。また、情報を組み合わせることや、（おそらくそれに基づいて）想像力を駆使することは、物理世界だけでなく、他者の心の状態の推測（想像）も可能にしたのではないだろうか。ヒトにとっても、最も複雑でわかりにくく、かつ理解する必要があるのは、他者の行動や心の状態である。みずからの中に他者のイメージをもつことで、その相手と協同し、理解し合えるのではないか。そのような能力の芽生えが、私たち人間の豊かな心的世界のはじまりだったように思える。

【引用文献】

Kawai, N.　2001　Ordering and planning in sequencial responding to Arabic numerals by a chimpanzee. *Psychologia*, 44, 60–69.

川合伸幸　2002　系列的なシンボル操作の進化と発達　動物心理学研究 , 52, 97–104.

Kawai, N.　2004　Action planning in humans and chimpanzees but not in monkeys. *Behavioral and Brain Sciences*, 27, 42–43.

Kawai, N. & Matsuzawa, T.　2000　Numerical memory span in a chimpanzees. *Nature*, 403, 39–40.

Kawai, N. & Matsuzawa, T.　2001　“Magical number 5” in a chimpanzee. *Behavioral and Brain Sciences*, 24, 127–128.

松沢哲郎　2000　チンパンジーの心　岩波現代文庫　岩波書店

Column❻

研究者である前に

京都大学霊長類研究所にいた頃は，月曜日から土曜日まで，朝の8時40分から松沢哲郎先生とのミーティングがはじまり，9時には実験を開始して，帰宅するのはいつも深夜という生活で忙しかったが，不思議と気持ちは落ち着いていた。

研究所に行く前は，いつもジリジリした焦りのような気持ちがあった。当時の私は，同世代の研究者（の卵）に比べて，海外のものも含め論文の数は多いほうだったが，なかなか常勤の職を得ることができなかった。日本学術振興会の特別研究員にも続けて採択されていたので，研究の能力についてある程度の自負はあった。それがかえって焦燥感をあおったのか，大学院時代には毎日100匹以上のネズミを使って，1人で3種類もの実験を並行して行うこともあった。

それが研究所に行ってからは，気持ちが落ち着いた。毎週チンパンジーのために野菜を車いっぱい買ってくることや，毎日の給餌，仲間との共同作業，チンパンジーの運動場の植樹や清掃など，いっけん自分の研究には直接関係しない活動の多さに圧倒されたのかもしれない。実験を終えた後，草の上に座り，山桜桃の実を食べながら空の動きなどをのんびり眺めていると，ふと小学生の頃のことなどを思い出したりした。しかし，そういった少し落ち着いた暮らしのせいではなく，これまでの業績と，まだそこでは何の成果もあげていない時に，これから成果を信じて励ましてくれる先生の存在が大きかったのだと思う。

あれは毎朝のミーティングでなく，一緒に野菜を買いに行った時の車中だっただろうか。松沢先生が何気なくいった。「川合くん，散髪屋さんが散髪できるのは当たり前でしょう。研究者も研究できるのは当たり前。とりあえずもう研究はそんなにがんばらなくてもいいから，次は人間として評価してもらえるようにならないと」

「コペルニクス的転換」という言葉の意味を初めて実感した瞬間だった。

終　章……これまでとこれから

類人猿の認知研究が拓いた新たな人間観

最初に類人猿に言語を教えようとしたのは1940年代のヘイズ夫妻、と書かれることが多いが、実は20世紀がはじまった頃のロバート・ヤーキーズとウィリアム・ファーンズがパイオニアだった。彼らは、チンパンジーとオランウータンに意味のある単語を発声させようとした。後のヘイズ夫妻のチンパンジーと同じく、類人猿が発声できたのは、ほんの2、3語でしかなかった。これらの失敗の原因は、類人猿の声道がヒトのように垂直な構造をしていないために、豊富な音声のレパートリーを表出できないからだと考えられた。直立二足歩行と声道の構造は密接に関係しており、彼らの失敗原因の推定は正しかったことが後にわかった。

類人猿の言語研究の第2世代ともいうべき波は、1970年頃にやってきた。その時の試みでは、類人猿に音声を表出させるのではなく、手話（アメリカ式手話）を使ってコミュニケーションをさせようとした。ガードナー夫妻はチンパンジーに100以上の単語を教えることに成功し、この研究は大きなインパクトを与えた。ヒトがジェスチャーを使って動物に意思を伝えるこの方法は、その後、オランウータン、ゴリラといった類人猿のみならず、イルカやアシカの研究にも用いられた。ガードナーが訓練したワショーという名のチンパンジーは、ヒトのジェスチャーを理解することも、また同じジェスチャーを使って自分の意図を要求することもできた。しかし、すぐに別の研究者からワショーの言語生成能力が批判された。それは、ワショーのジェスチャーは実験者の模倣に基づいたもので、それを観察者が好意的に解釈しており、ワショーのジェスチャーは（特に英語に必要な）単語の語順がバラバラで繰り返しも多く、文法規則を理解していない、というものだった。この批判もインパクトがあり、復活しかかった動物の言語研究は冷や水を浴びせられた格好になった。

すぐにやってきた次の流れは、言語そのものを研究対象とするのではなく、類人猿の心の世界を知るためのツールとして言語を教えるというものだった。研究者の問いに類人猿が答える、そういうやり取りを通じて、プレマックと彼の共同研究者は、チンパンジーが類推や推移律といった非常に高度な思考をすることを示した。京都大学のアイを対象としたアイ・プロジェクトも、この潮流のひとつに位置づけられる。アイの数の理解や他の一連の研究は、チンパンジーが驚くべき思考能力をもっていることを明らかにしてきた。

また、実験室研究とは独立に行われていた野外での調査からも、チンパンジーやオランウータンの道具使用・製作といった、かつてはヒトに特有だと考えられてきた行動が次々に発見された。これらの研究は、ヒトと同じ「ヒト上科」に属する類人猿がヒトに匹敵する認知能力をもっていることを示した。

19世紀半ばに、ダーウィンはヒトとヒト以外の動物の連続性を示唆した。しかし、それは生物としての連続性を主張したもので、精神の連続性は示唆されるにとどまった。精神の連続性は、類人猿の心を調べる研究によって裏づけられてきたと考えることができる。

その先へ――サル研究のこれから

一方、サルの認知能力はどうだろうか？　これまでの実験から、サルも道具を使い、シンボル的な表象を獲得することがわかっている。しかしこれまでに、サルを対象にした言語研究は行われていない。

比較的最近になって、サルが数の概念を獲得することが米科学誌サイエンスで報告された。エリザベス・ブラノンとハーバート・テラスは、ニホンザルと同じ仲間（旧世界ザル）のアカゲザルを対象に、序列関係を教える訓練を行った。訓練では、モニターが4分割され、それぞれの小画面には1、2、3、4個の幾何学図形が描かれていた。サルは、要素の数に従って上昇系列（1→2→3→4）でそれらの小画像を触るように訓練された。これらを学習すると、次の段階で5、6、7、8、9個の要素を含んだ図形が呈示され、5→6、6→8、7→9のように2つの新たな刺激を含んだ条件でも、正しく反応することができた。さらに、サルの反応時間を調べると、刺激間の数的距離を反映していた。たとえば、その試行が6と7の要素の画面の時には（つまり、数的距離は1）、1と9の要素を含んだ試行（つまり、数的距離は8）よりも正答率が低く、反応時間は遅かった。通常ヒトを対象とした実験でも、数字の距離間が遠いほど反応時間が早いという同様の結果が得られ、そのことは序列関係を理解していたことの証拠とされる。

さらに最近、やはり旧世界ザルのヒヒが類推をすることが示された。ジョエル・ファゴーとエドワード・ワッサーマンらは、コンピュータのモニターを2つに分け、それぞれに4×4の合計16個のアイコン（小さな絵）を並べて呈示した。16個のアイコンがすべて同じ場合と異なっている場合があった。たとえば片方の画面に16個の車の絵が呈示され、別の画面に16個の太陽の絵が呈示された場合は、個別に見れば車と太陽というように絵は異なっているが、どちらも全部同じという意味では「同じ」と答えるのが正解だった。どちらの画面もすべての絵が異なっている場合は、「異なる」と答えることが正解だった（図80）。

このようなことが学習できるということは、「画面の絵はすべて同じ」ということが「2つの画面で同じ」という、第6章で述べた「関係の関係」を理解していることを意味している。このような抽象的なレベルでの概念（類推）の能力は類人猿に限られると考えられていたため、新聞でも報道された。

また、南米のオマキザルが複雑な道具使用をすることもつい最近になって発見された。これまで

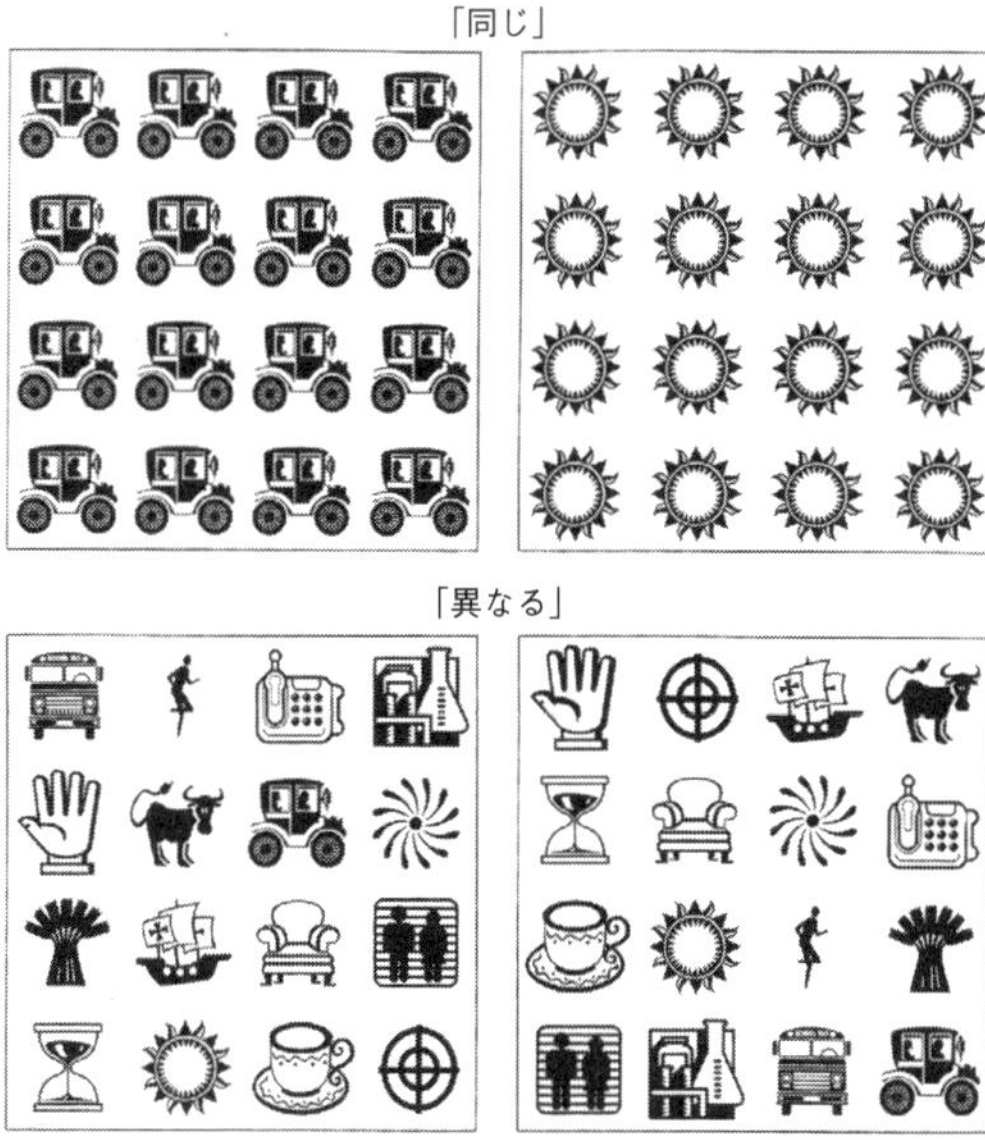

図80……ワッサーマンらの実験で用いられる刺激
（Fagot, Wasserman, & Young, 2001）

のサルの道具使用は、手の届かないところにある食物を取るために棒を使うといった、目標に到達するための「手が伸びた状態」であると考えられてきた。つまり、食物とサルの間に道具は1つしか介在しない。それが、オマキザルは食物が入った実を硬い石の上に置き、別の石でその実をたたき割る。このような道具の組み合わせは類人猿以外では観察されたことがなかった。

これまでの研究によって、ヒトに独自だと考えられていた行動や認知能力が、ヒト以外の類人猿にも共有されていることが認識されるようになった。しかし、それがヒトと類人猿に限られると考える理由はない。ヒト上科や類人猿という分類は、身体の構造に基づいて人間が決めたもので、必ずしも類人猿とサルの心の世界を区別するものではない（図81）。

近年になって報告されたサルの高度な認知能力の証拠は、ヒトに独自だと考えられていた認知能力が共有される範囲をさらに広げるものである。ヒトの心がヒト以外の動物と異なる「心の輪郭」はどこにあるのか。それは今後の研究が探求すべき問題である。

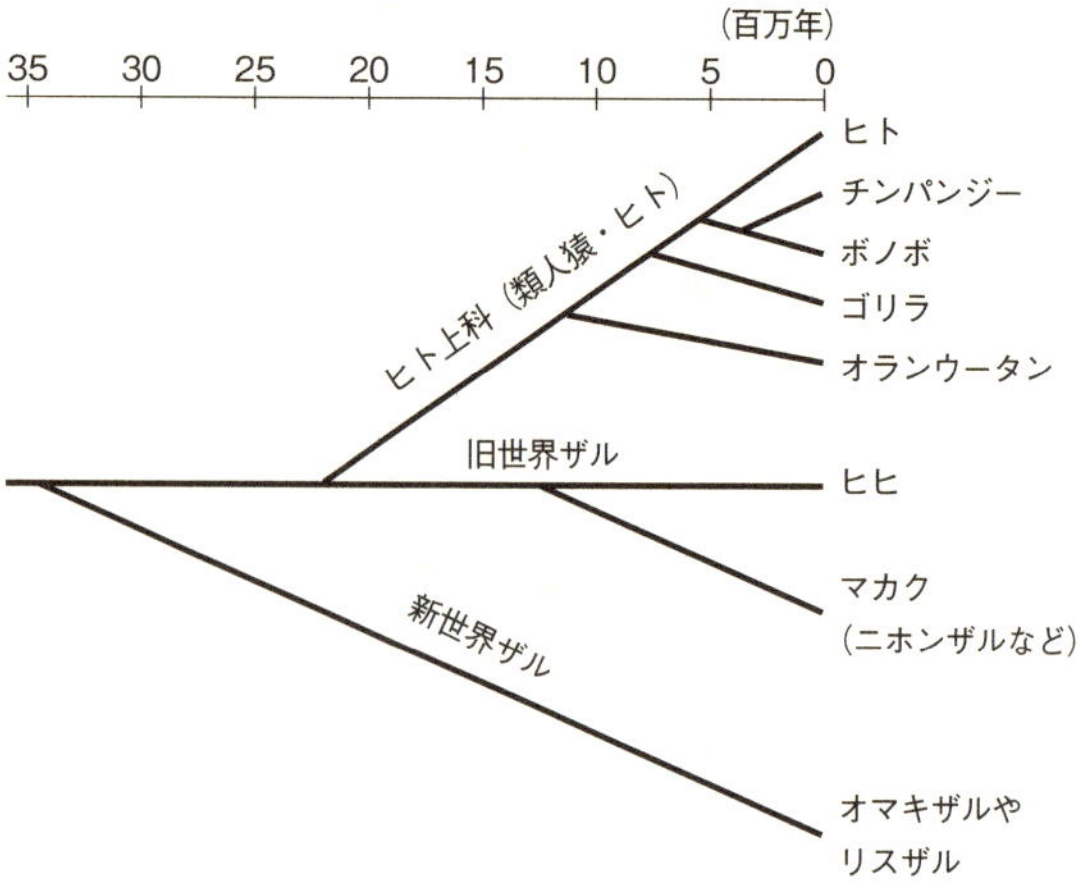

図81……霊長類の系統図

【引用文献】

Fagot, J., Wasserman, E. A., & Young, M. E. 2001 Discriminating the relation between relations: the role of entropy in abstract conceptualization by baboons (*Papio papio*) and humans (*Homo sapiens*). *Journal of Experimental Psychology and Animal Behavioral Processes*, 27, 316–28.

あとがき

「これで私の講義は終わりです」。ミネソタ大学のブルース・オーバーマイヤー教授は水性マーカーをホワイトボードに置いて、大学院生たちのほうに振り返った。イスに腰かけたために、姿勢の良い長身はそれまでの半分の高さになった。ひじを机に乗せて、そのまま両手の指を交差させた。その奥からウェーブのかかった銀髪が、自分に向かってコの字型に並べられた机全体を見渡した。「最後にひとつだけおぼえておいてほしいことがあります」。2か月間滞在した日本での講義の最後に、彼はそう付け加えた。

「これからみなさんは論文を書いて、学術誌に投稿していくことになるでしょう。ご存じの通り、その過程で厳しい審査を受けることになります。そのときにおぼえておいてほしいのは、審査者や編集委員は、あなたの敵ではないということです」。穏やかな口調から「敵」という言葉が出てきたので、学生たちは自分が英語を聞き間違えたのではないかと思った。「彼らは、あなたたちの論文をより良くしようとしてくれているのです。あなたたちにとって、最良の味方なのです。よくおぼえておいてください……。ドウモアリガトウ」。彼はおぼえたての日本語で締めくくった。

その部屋にいた大学院生の中で唯一、既に学術誌に論文を出していた私は、その言葉の意味が、まだよくわからなかった。確かに、審査には1年以上かかった。そもそも最初に返事が来たのは半年以上たってからで、それもこちらが催促して、ようやく「これから審査をする」という返事が来たのだった。数多くの細かい指摘（たとえば「水なめ数」は「水なめ回数」と表記すべし、といった）はあったが、とても審査者が敵とは思えなかった。その講義がすばらしかっただけに、この最後の言葉に違和感をおぼえた。

ようやく彼の言葉の意味するところがわかったのは、それからずっと後のことである。そして、一言も聞き逃すまいとテープにまで録った彼の学習心理学の講義の中で、今でも鮮明におぼえているのは、その言葉なのである。

これまで、とても多くの方々に「味方」になっていただいた。本を書くことを勧めてくださったのは、京都大学霊長類研究所の松沢哲郎先生である。松沢先生のもとですごした3年間は、私の人生の中でかけがえのないものである。深く感謝したい。また、その期間は本当に好きに研究をさせていただいた。実験室やチンパンジーを自由に使わせていただいた京都大学霊長類研究所の小嶋祥三先生（現・慶応大学教授）、友永雅己さん（京都大学助教授）、田中正之さん（京都大学助手）、実験装置のことについて全面的に協力してくださった南雲純治さんにも感謝申し上げたい。

関西学院大学文学部心理学研究室での研究で学位をいただいたが、学位論文に含まれる10編以上の論文や数多くの実験は、本書ではまったく触れていない。大学院時代は、条件づけ（強化学習）に関する理論的な実験研究を進めながら、いっぽうでまったく好き勝手に動物を飼って研究をさせてもらった。ご指導いただいた今田寛先生と、あたたかい眼差しで見守ってくださった宮田洋先生に感謝したい。

このほかに、研究会を通じて多くの方に「味方」していただいた。海馬研究会を主宰されている同志社大学の岡市広成教授、洋子先生ご夫妻には、学部時代から研究やその他のことまで気にかけていただいており、いろいろとわがことのように喜んでくださる。大学の先輩にもあたる礒博行先生（兵庫医科大学助教授）、杉岡幸三先生（神戸大学助教授）には、大学院に入学した当時、実験装置の作り方や解剖および生理学的手法などについて丁寧に教えていただいた。この研究会を通じて、多くのことを教わった。

比較心理学研究会は、ネズミの条件づけのことしか知らなかった私に、ネズミ以外の動物の学習や、動物の学習以外の行動について関心をもたせてくれた。石田雅人先生（大阪教育大学教授）は比較心理学の魅力を、藤健一先生（立命館大学教授）はサカナの実験装置の作り方を、児玉典子先生（滋賀大学教授）は研究者のあり方を、熱く語ってくださった。この研究会の活動のひとつとして出版した本が『パピーニの比較心理学―行動の進化と発達』である。

獅々見照先生（広島修道大学教授）にはキンギョの研究を、村山司先生（東海大学教授）にはイルカ研究の魅力を教えていただいた。

けいはんな社会的知能発生学研究会での議論は、いつも「ヒトの賢さ」の本質について考える機会を与えてくれる。一度、その研究会で動物とヒトの知性の進化について話をした。そのときの話の約3分の1は本書に含まれているものだが、残りは他の研究者のデータを借りて、自由にヒトの知性の進化について話をさせていただいた。いつかその話も、まとめる機会があればと考えている。

私が所属する名古屋大学情報科学研究科の認知情報論講座は、日本の認知科学研究を担う先生方がおられるところだが、助手として赴任した当初から、特に研究の方向性や具体的な研究テーマも与えられず、これまで好きなようにさせてもらってきた。同僚の筧一彦教授（現・中京大学教授）、齋藤洋典教授、三輪和久教授、光松秀倫先生の寛容さに感謝申し上げたい。

このように書いてみると、これまでつくづく好き勝手にさせてもらってきたことに気づく。しかし、「好きこそ物の上手なれ」というように、対象に対する情熱と愛情をもてないと研究はやっていけないとも思う。

今では京都大学霊長類研究所で、正高信男教授に共同利用研究員として受け入れていただいていて、ここでも本当に好きなようにサルの実験をさせてもらっている。妻で共同研究者でもある久保南海子、実験を手伝ってくれている加藤朱美さんとともに感謝の意を表したい。

終わりにこの本の成り立ちについて述べる。もともと本書は、私が名古屋大学に赴任する2日前の2001年3月30日に書き上げたものである。動物の研究は、そこで終わりにするつもりもあった。紆余曲折を経て、その後、最新の研究成果なども取り入れながら、大きく2度書き直した。最初のものと基本的な構成は変わっていないが、内容を取捨選択したので読みやすくなったと思う。さらに、本書を担当してくださった北大路書房の柏原隆宏さんのアイデアで、コラムと用語解説、文献案内、終章が付け加わった。出版の機会を与えてくださった関一明さんとともに感謝いたします。とくに断りがない限り、写真は自分で撮影したものである。図と絵も、別の本から借用した一部を除いてすべて自分で描いたが、校正の段階でいずれも綺麗に修正していただいた。

最後に本書を、家族と、修士課程の2年間の生活を支えてくださった叔父の川合一路・洋子夫妻に捧げます。

川合伸幸

2006年4月　黄砂の霞む名古屋にて

心の輪郭　比較認知科学から見た知性の進化

2006年５月20日　初版第１刷印刷　定価はカバーに表示してあります
2006年５月30日　初版第１刷発行

著　　者　川 合 伸 幸

発 行 所　㈱北大路書房
〒603-8303　京都市北区紫野十二坊町12-8
電　話　(075) ４３１－０３６１㈹
ＦＡＸ　(075) ４３１－９３９３
振　替　０１０５０－４－２０８３

印刷・製本／㈱シナノ

ISBN4-7628-2508-5　　Printed in Japan

【著者紹介】

川合伸幸（かわい・のぶゆき）

1966 年　京都府に生まれる

1995 年　関西学院大学文学研究科博士課程単位取得満期退学

現　在　名古屋大学大学院情報科学研究科助教授（心理学博士）

主　著　たべる：食行動の心理学（共著）　人間行動学講座第２巻　朝倉書店　1996 年

メイザーの学習と行動（共訳）　二瓶社　1999 年

心の進化（共著）　岩波書店　2000 年

Primate origins of human cognition and behavior（共著）　Springer-Verlag　2001 年

ジェスチャー・行為・意味（共著）　共立出版　2002 年

チンパンジーの認知と行動の発達（分担執筆）　京都大学学術出版会　2003 年

新版心理学がわかる（分担執筆）　朝日新聞社　2003 年

学習心理学における古典的条件づけの理論―パヴロフから連合学習研究の最先端まで（共著）　培風館　2003 年

マキャベリ的知性と心の理論の進化論Ⅱ（共訳）　ナカニシヤ出版　2004 年

パピーニの比較心理学―行動の進化と発達（共訳）　北大路書房　2005 年

Cognitive development in chimpanzees（共著）　Springer-Verlag　2006 年

ほか

論　文　Numerical memory span in a chimpanzee. *Nature*, 403, 39−40. 2000 年

A conventional approach to chimpanzee cognition. *Trends in Cognitive Science*, 4, 128−129. 2000 年

Associative learning and memory in a chimpanzee fetus: Learning and long lasting memory before birth. *Developmental Psychobiology*, 44, 116−122. 2004 年

Action planning in humans and chimpanzees but not in monkeys. *Behavioral and Brain Sciences*, 27, 42−43. 2004 年

ほか多数

受　賞　文部科学大臣表彰・若手科学者賞　2005 年

ほか

研究テーマ　ヒトの「賢さ」の意味と，その進化について，ヒトや動物を対象に調べています。学習と記憶を主たる対象にしてきましたが，最近は知覚や注意にも関心があります。

文献案内

以下は本書で取り上げたテーマに関連する参考文献。入手しやすいよう，日本語で比較的最近（ほぼ10年以内）刊行されたものを挙げた。いわゆる研究論文は除いている。

【学習と行動】

実森正子・中島定彦　2000　学習の心理─行動のメカニズムを探る　コンパクト新心理学ライブラリ　サイエンス社

大学で用いる学習心理学のテキストであるが，１つのトピックごとに解説と図が見開きで併記されており，わかりやすい。著者ならではの「おたく」な情報もところどころに書かれており，好きな人にはたまらないかもしれない。動物の学習のことが中心だが，条件づけとバンデューラの観察学習しか書いていなかった旧来のテキストよりは，はるかに新しい知見が盛り込まれている。

杉山尚子　2005　行動分析学入門─ヒトの行動の思いがけない理由　集英社新書

行動分析のテクニックをわかりやすく解説した新書。なぜヒトはついついこのようなことをしてしまうのか，という誰でももつ疑問を行動分析の視点から解説し，自分自身や他人の行動を予想，制御するためのコツが書かれている。

パピーニ，M. R.　2005　パピーニの比較心理学─行動の進化と発達　比較心理学研究会(訳)　石田雅人・児玉典子・川合伸幸・山下博志(編集)　北大路書房

副題の通り，行動の進化と発達についての大著。本当に分厚い。著者は比較心理学者で学習を専門としているが，進化や発達，生理学にも造詣が深い。この本は大きく４部から構成されている。進化に対する遺伝や化石からの検証，無脊椎動物および脊椎動物の神経系の特徴，行動と学習の発達など，非常に幅広く学ぶことができる。また，巻末のインデックスやグロッサリーが充実している。

メイザー，J. E.　1999　メイザーの学習と行動　日本語版第２版　磯博行・坂上貴之・川合伸幸(訳)　二瓶社

心理学でいうところの学習に関するテキストの決定版。条件づけの話が多いが，実験室での研究にとどまらず，臨床場面への応用や，日常において学習がどのように作用しているかがわかりやすく書いてある。専門書ではあるが，邦訳だけでも２度の改訂を経て，常に新しい情報を更新しており，詳しく勉強したい人には必携の本。

【比較認知科学】

バーン，R.，ホワイトゥン，A.（編） 2004 マキャベリ的知性と心の理論の進化論―ヒトはなぜ賢くなったか 藤田和生・友永雅己・山下博志（監訳） ナカニシヤ出版

サルはほかの動物に比べてどうして賢く，さらにヒトはサルの中でもどうして突出して賢い（賢くみえる）のか，という本書でも問題にしていることに対して，「動物が群れの中でうまく生き抜くために他者を出し抜く術を身につけたから」との大胆な仮説に基づいてまとめられた本。マキャベリ的とは，権謀術数に長けたことで有名な中世イタリアの思想家，マキャベリの名に由来する。10年後に第2弾が出版されたが，私たちは下巻として上巻とほぼ同時に邦訳を出した。

バーン，R. 1998 考えるサル―知能の進化論 小山高正・伊藤紀子（訳） 大月書店

『マキャベリ的知性と心の理論の進化論』の編者の1人が書いた，霊長類の知性に関する本。「動物が群れでの生活を生き抜くために，仲間をつくったりだましあったりする中で知能が育まれた」という「マキャヴェリ的知能説」を提唱した前著はいわゆる専門書だったが，本書は実験例なども紹介しつつも，一般向けに書かれた本である。

藤田和生 1998 比較認知科学への招待―「こころ」の進化学 ナカニシヤ出版

比較認知科学の代表的テキスト。現在の比較認知科学に関するトピックスを余さず書いてある。積極的に日本人の研究が紹介されているので，類する洋書とあわせて読んでも重複は少ない。海外のものを見ても，これほど的確にまとめた比較認知科学に関するテキストはない。

松沢哲郎 1995 チンパンジーはちんぱんじん―アイとアフリカのなかまたち 岩波ジュニア新書 岩波書店

当時，20年にわたりチンパンジーの研究をしてきた著者が書いた新書。著者が中心となって推進してきたアイ・プロジェクト（実験室で発現されるチンパンジーの知性）と，野生で観察されたチンパンジーの知性について同じ比重で書いてある。ヒトと比肩するチンパンジーの知性に驚かされる。

松沢哲郎 2000 チンパンジーの心 岩波現代文庫 岩波書店

著者らが行ったチンパンジー研究の集大成ともいえる一冊。野生のチンパンジーはどのように暮らしているのか，物理的な対象だけでなく社会的な対象の認知はどのようになっているのか，チンパンジーの認知はどのように発達するのか，実験室で発揮されるアイの知性とは，さらに今後の研究の展望などについても広い視点に立って書かれている。

松沢哲郎 2002 進化の隣人―ヒトとチンパンジー 岩波新書 岩波書店

個体としてのチンパンジーの知性ではなく，むしろ社会のかかわりの中で発

揮される知性と行動に焦点を当てた本。いわゆる「チンパンジーの社会的認知」というトピックスを超えて，チンパンジーの親子関係や「教育」の仕方を，ヒトと比較しながらわかりやすく論じている。

渡辺茂　1995　認知の起源をさぐる　岩波科学ライブラリー　岩波書店

ハトがピカソとモネの絵を見分けることを示したことで有名な著者が書いた本。ハトの研究が中心ではあるが，多くの動物の行動と認知を対象としており，そういう意味では最初期の比較認知科学の本といえる。

渡辺茂　1995　ピカソを見わけるハト―ヒトの認知，動物の認知　NHK ブックス　日本放送出版協会

NHK スペシャル『動物はここまで考える』の解説として書かれた本。しかし，必ずしもそのテレビ番組とは対応していない。当時著者らが行った研究の成果がわかりやすくまとめられている。また，ハト以外の動物の思考についても紹介されている。

渡辺茂　1997　ハトがわかればヒトがみえる―比較認知科学への招待　共立出版

この本の最初に比較認知科学の方法論が簡単にまとめてある。その後は著者の実験がわかりやすく紹介されているが，ハトとヒトの比較を通じて，「見る」ことと「みなす」ことの違いが浮き彫りになってくる。タイトルの通り，ハトが外界をどのように認知しているか，という実験結果から，私たち自身も世界をそのまま「見ている」のではなく，さまざまな制約のもとで「みなしている」のだということがわかってくる。

渡辺茂(編)　小嶋祥三・鹿取広人(監修)　2000　心の比較認知科学　ことばと心の発達　ミネルヴァ書房

「ことばと心の発達」シリーズの第３巻。比較認知科学の最前線で研究する研究者らが当時行っていた研究をまとめた本。ヒトの言語獲得に至る進化の道筋に重点が置かれている。フロリダで活躍されている清水透さんが脳の系統発生について書いた章だけでも読む価値がある。

【心理学】

ピンカー，S.　2003　心の仕組み―人間関係にどう関わるか　椋田直子(訳)　NHK ブックス　日本放送出版協会

『言語を生み出す本能』（NHK ブックス）で有名な著者が，個体としての行動から，家庭，社会，文化に生きる存在としてのより広範な人間の活動について書いた本。人間の心は複数のモジュールで構成されるという主張は一貫しているが，この本で対象となるのは人間のみならず，進化から人工知能，ロボットにまでおよび，ハーバード大学教授の実力を思い知らされる。

プレマック，D.，プレマック，A.　2005　心の発生と進化―チンパンジー，赤ちゃん，ヒト　長谷川寿一(監修)　鈴木光太郎(訳)　新曜社

「心の理論」の提唱者であるプレマックが，「次世代の研究者に時間を無駄に

させないため」に書いた本。副題にあるようにチンパンジー，赤ちゃん，ヒトがどのように世界を認識しているかを，自身が行った実験や提唱する考えを交えながら，わかりやすく解説している。ヒトが知的であるとはどういうことか，が浮き上がってくる。私たちの実験も紹介されていて大変光栄に思う。

【進化】

オールマン，J.M.　2001　進化する脳　別冊日経サイエンス　養老孟司(訳)　日経サイエンス社

脊椎動物の脳の進化と発達について，豊富な写真とともに解説されている。特に霊長類の脳の進化に対する考察は秀逸。感覚器官が発達することで，脳がより多くの情報を受け取るようになり，脳が大きくなったことがよく理解できる。

ジンマー，K.　2004　「進化」大全　渡辺政隆(訳)　光文社

著者は米国を代表するサイエンスライターだけあって，ダーウィンの進化論誕生秘話から，DNA，地球環境の変化まで，とてもわかりやすく書かれている。絵や写真もすばらしい。450ページを超える大著であるが，その分量を感じさせないエキサイティングな本。

ダンバー，R.　1998　ことばの起源―猿の毛づくろい，人のゴシップ　松浦俊輔・服部清美(訳)　青土社

本書でも述べた脳化指数や新皮質比を，著者が詳細に調べたところ，霊長類は群れ（グループ）のサイズが大きくなるほど新皮質が大きい，という相関関係を見いだした。逆に人類の新皮質比から考えれば，ヒトのあるべき群れのサイズは150人となる。この150人という数字は，近代軍隊の中隊の規模，アフリカ南部，オーストラリアの砂漠や南アメリカの森林の部族でも確認されている。サルは毛づくろいをして，コミュニケーション（集団の維持）を行っていたが，人類の150人という規模ではお互いに毛づくろいできなくなり，そこで登場したのが言語だという大胆な仮説が提出されている。『マキャベリ的知性と心の理論の進化論』（下巻）にも寄稿している。

ディーコン，T.W.　1999　ヒトはいかにして人となったか―言語と脳の共進化　金子隆芳(訳)　新曜社

原著のタイトルは「The symbolic species」で，これがヒトのことを指しているために，このような邦題になったと思われる。類人猿やオウムをはじめ，動物はシンボル（記号）を使うことができるが，それとヒトの言葉はどこが違うか，シンボルから言葉へと至る進化の道のりが示される。また，記号や言葉を処理する脳の進化についても詳細に書かれている。

長谷川眞理子　1999　進化とはなんだろうか　岩波ジュニア新書　岩波書店

進化生物学の入門書。進化に関する現象と考え方を初学者向けに解説したわかりやすい本。オスとメスがいる意味，配偶をめぐる競争，遺伝，それらの

結果としての適応など，「進化」についてひと通り学べる。

【発達】

小林春美・佐々木正人(編)　1997　子どもたちの言語獲得　大修館書店
単なる音声言語の獲得だけでなく，障害児の言葉の発達や，手話言語の発達，身振りと言葉の関係など，従来とは異なる視点から書かれた入門書。私自身，この本から言語獲得の勉強をはじめた。

友永雅己・田中正之・松沢哲郎(編)　2003　チンパンジーの認知と行動の発達　京都大学学術出版会
2000年に京都大学霊長類研究所で生まれた3個体のチンパンジーの認知および行動の発達記録。動画や音声のついたCD－ROMが付属している。私も少し書いているが，最初から最後まで読むのは大変。

中村徳子　2004　赤ちゃんがヒトになるとき―ヒトとチンパンジーの比較発達心理学　昭和堂
大学のゼミで私の1学年後輩に当たる著者が書いた，ヒトとチンパンジーの発達心理学の本。著者自身がアフリカや国内で見てきたチンパンジーの子どもの発達と，自身の子どもの発達の様子を豊富な写真で比較しており，とてもわかりやすい。

正高信男　1993　0歳児がことばを獲得するとき―行動学からのアプローチ　中央公論社
ヒトの赤ちゃんは，ほうっておいても自然に言葉を話すようになるのではなく，母親とのさまざまなやり取りを通じて言葉をおぼえていく，ということをわかりやすく解説している。一般のお母さんが自分の子育てを思い出しながら読んでもおもしろいだろう。また，ニホンザルとヒトの音声発達を比較しているところもあり，比較認知科学の本としても読める。

松沢哲郎　2005　アイとアユム―チンパンジーの子育てと母子関係　講談社＋α文庫　講談社
チンパンジー・アイとその子どものアユムの母子関係についての本。チンパンジーの子育てと子どもの発達の様子がよくわかる。私もアユムが生まれてからの1年間は毎日一緒にいたが，ここで書かれているような視点では見ていなかったと反省しきり。写真も多く，眺めているだけでも楽しい。

メレール，J.，デュプー，E.　1997　赤ちゃんは知っている―認知科学のフロンティア　加藤晴久・増茂和男(訳)　藤原書店
認知科学領域での代表的な学術誌「Cognition」の編集長を長年務めるメレールらが書いた本。乳幼児の視聴覚から，概念や対象認知および社会認知の発達について，これまでの実験例をわかりやすく解説している。発達というより，認知科学の入門書としても読める。

【脳・神経】

入来篤史　2004　Homo faber—道具を使うサル　神経心理学コレクション　医学書院
現在，理化学研究所・脳科学総合研究センターのチームリーダーを務める著者がこれまでの研究をまとめた本。サルが道具使用行動を行っている際の神経細胞の活動を記録し，サルが道具を手のように使えるようになると，ニューロンの活動としても自分で届く範囲が変化することをわかりやすく示している。それらの一連の実験から，技能の習熟の先に道具使用行動があり，さらにその先にシンボル操作や言語といった高次認知機能が存在するとの仮説を提出している。随所に著者の品格が現れている。

櫻井芳雄　1998　ニューロンから心をさぐる　岩波科学ライブラリー　岩波書店
サルやネズミの脳のニューロンの活動を記録することで心の正体を探ろうとしている著者が一般向けに書いた本。タイトルの通り，ニューロンの構造や働きが丁寧に解説してある。脳内でニューロンが集団として情報を表現するという「セル・アセンブリ」の考え方がよく理解できる。

櫻井芳雄　2002　考える細胞ニューロン—脳と心をつくる柔らかい回路網　講談社選書メチエ　講談社
現在，脳の神経活動だけで直接機械を動かすブレイン・マシン・インターフェース（BMI）の研究を推進する著者が，情報処理の観点からニューロンの活動を解説した本。生理心理学を教える機会があれば，ぜひテキストとして使用したい。

平野丈夫　2001　脳と心の正体—神経生物学者の視点から　科学のとびら　東京化学同人
著者は神経生物学が専門だそうだが，認知心理学や行動生態学にも造詣が深いようで，ヒトを含めた動物の行動をさまざまなレベルで解説してくれる。脳の系統発生からさらに細かく神経細胞の構造と働き，そしてシナプスでの情報伝達から神経伝達物資の構造といったミクロのレベルや，反射や生得的行動，意思決定といった比較的マクロなレベルの活動まで幅広く網羅しているが，本そのものは薄くて，大変読みやすい。

船橋新太郎　2006　前頭葉の謎を解く—心の宇宙（1）　学術選書　京都大学学術出版会
霊長類の脳はとりわけ前頭葉の発達が著しい。その前頭葉の中心的な機能を，ワーキングメモリーの遂行ととらえ，脳に損傷を受けた患者や，自身が行ってきたサルの実験研究から，前頭葉とワーキングメモリーの関係を読み解いていく。著者自身の研究生活についても触れてあり，そのおだやかな人柄を垣間見ることもできる。

渡邊正孝　2005　思考と脳—考える脳のしくみ　ライブラリ脳の世紀：心のメカニズムを探る　サイエンス社
動物の脳の神経細胞の活動を直接記録することで脳と心の関係を調べようとする研究は，棒を見せたり，せいぜい単純な弁別学習を行わせるといった比較的簡単な課題で行われることが多い中，著者が行ってきた思考や情動に関する研究の価値は際立っている。著者自身のサルを対象とした研究から，ヒトの脳損傷患者を対象とした神経心理学研究，最新のイメージング研究まで，思考に関する現在までの知見をわかりやすく解説している。

【人工知能・ロボット工学】

有田隆也　2002　人工生命　医学出版
「人工生命」研究の第一人者が書いたテキスト。生命現象の本質を計算論によって見極めようとする立場で書かれており，社会学的な領域，言語学的な領域，進化的な領域を対象としている。初期設定だけ与えて，あとは学習と進化でどのようなものができあがるのかを示すことで，進化の過程を再現しようとしている。

Elman,J.L.,　Johnson,M.H.,　Parisi,D.,　Bates,E.A.,　Karmiloff-Smith, A.,　& Plunkett, K.　1998　認知発達と生得性—心はどこから来るのか　乾敏郎・山下博志・今井むつみ(訳)　共立出版
ヒトは発達と学習によって知識を獲得していくが，それは発達に生得性という制約があってこそ，という主張によって書かれた意欲作。発達の現象を丁寧に説明し，ニューラルネットによるモデルでその現象をシミュレートしている。

けいはんな社会的知能発生学研究会(著)　瀬名秀明・浅田稔・銅谷賢治・谷淳・茂木健一郎・開一夫・中島秀之・石黒浩・國吉康夫・柴田智広　2004　知能の謎—認知発達ロボティクスの挑戦　ブルーバックス　講談社
私がこの研究会のメンバーになる少し前に出版された本。世界のロボティクスを牽引する気鋭の学者が集まって，「人間のように賢いロボットを作るには」ということや，さらには「知能の本質」について自由闊達に討論している。

ファイファー , R.,　シャイアー ,C.　2001　知の創成—身体性認知科学への招待　石黒章夫・細田耕・小林宏(訳)　共立出版
かつての人工知能では，あらゆる状況を計算してから行動をはじめるという中央集権型の計算アルゴリズムを採用していたため，たとえば火星の地表上で探索機を動かそうとすると，計算が終わる前に状況が変わり，結局一歩も動けないという事態に陥った。そこで，「思考しないで」知的な行動を出現させるという設計思想に基づいた「身体性認知科学」を提唱し，その意義を丁寧に解説している。身体があって，身体と環境の相互作用の中に知的行動が立ち現れるというアフォーダンスに近い考え方をしているが，認知心理学や従来の人工知能研究についてもわかりやすく説明してあり，分量のある訳

書にもかかわらずとても読みやすい。

【研究者入門編】

入来篤史　2004　研究者人生双六講義　岩波科学ライブラリー　岩波書店
神経生理学者である著者が，雑誌「科学」に連載した研究生活をはじめるための指南書。たいへんやさしい言葉で，とても厳しいことが書いてある。単なるイメージや流れとしてどのように研究生活をはじめるか，ということでなく，投稿した論文のやり取りや，リジェクト（不採択）になった場合にどうするかなど，とても具体的に書いてある。研究を自分で行えるようになった人こそ読むべき一冊。

坪田一男　1997　理系のための研究生活ガイド―テーマの選び方から留学の手続きまで　ブルーバックス　講談社
眼科医でもある著者が，研究テーマの選び方から，ボスの選び方，論文の書き方，研究者として生活するための体調管理から時間の使い方までをわかりやすく解説している。もちろん，学会発表の法則や論文を書くコツという章もあり，研究生活をはじめた人にとっても，自分のやり方を見直すのに便利な本となっている。

藤沢晃治　1999　「分かりやすい表現」の技術―意図を正しく伝えるための16のルール　ブルーバックス　講談社
研究生活に直接かかわるものではないが，地下鉄の標識やよく見かける文章など，どういうところがわかりにくく，どうすれば伝わりやすくなるのかをわかりやすく書いた本。研究者にとって，よい実験や研究をするのは大事だが，それをわかりやすく伝えることも同じくらい重要である。往々にして，どうしてこんなによい素材をこれだけまずく料理するのか，と思ってしまう発表や論文を目にするが，それは研究の価値が自分自身でも見えていないか，相手に伝えられる技術がないために生じていると思われるので，研究者を目指す人は一度は「わかりやすい」ということについて，このような本を読んで考えてみるとよいだろう。

用語解説

【あ】

一括処理方略　p.120

いくつかの情報が，ある条件に適合するかどうかを脳内で検索・照合する際に，１つずつ処理していくタイプのものを逐次処理方略といい，まとめてすべての情報を処理するタイプのものを一括処理方略という。この違いは，反応時間の差として現れる。ちょうど電車の切符の券売機で，１枚ずつ硬貨を入れるタイプのものと，硬貨をまとめて投入できるタイプのものが違っていることに似ている。いくつかの刺激を決められた順序で選んでいく系列課題で，サルは逐次処理方略をしているのに対して，チンパンジーとヒトは一括処理方略をとっていると考えられる。

遺伝子　p.5

遺伝子は生物の遺伝的な形質を規定する因子で，遺伝情報の最小単位とされる。遺伝情報の実体はＤＮＡの塩基配列である。動物の場合，ＤＮＡ分子は細胞核内の染色体の中に存在している。遺伝子はＤＮＡが複製されることによって次世代へと受け継がれる。複製はＤＮＡの二重らせんが解かれて，それぞれの分子鎖に相補的な鎖が新しく生成されることで行われる。このように書くと，遺伝子は生殖細胞にしかないような印象を与えるが，すべての細胞に存在している。

因果関係　p.154

ある出来事が原因になって，その結果として別の出来事が起こる関係。一般的に，普遍的な出来事の間に因果関係を証明するのは困難とされる。相関と異なるのは，出来事の順序に意味があること。

エピソード記憶　p.152　→記憶

記憶の一種で，自分の経験として思い出すことのできる記憶をいう。たとえば「1995 年の１月 17 日に西宮市で大地震に遭遇した」というような記憶で，場所や時間についての意識を伴う記憶である。子どもの頃に熱海に行ったことがある，という知識はあるが，写真を見ても思い出せないような場合の記憶は，エピソード記憶に当てはまらない。それは自己に関する知識としての記憶で，意味記憶に分類される。そのような意味で，ヒト以外の動物が自己に関するエピソードとしての記憶をもつかどうかということに注目が集まっている。エサをいったん貯蔵して食べる鳥のカケスが，いつ，どこで，何を，貯蔵したかをおぼえている，ということを示す報告がなされ，ヒト以

外の動物もエピソード記憶をもつことが示唆されたが，否定的な考えもある。まさに「意識」にかかわる問題なので，現在も盛んに議論されている。

【か】

海馬　p.70　→記憶，脳

脊椎動物の終脳に位置する脳内の構造体で，歯状回，海馬台（海馬支脚）および海馬采とあわせて海馬体を構成している。霊長類の場合，海馬体は側頭葉内側部に位置し，脳弓を介して中隔核，視床前核，および乳頭体と線維連絡をもっている。さらにそれは内嗅皮質を介してほとんどすべての連合野から入力を受け，記憶や空間認知に重要な役割を果たしている。

学習　p.2

生物がみずからの経験の結果として，情報を獲得し，それを保持して，後に検索する（思い出す）過程を指す。これらの過程は中枢神経系で処理される。２つ以上の出来事が時間的・空間的に近接して生じた場合，多くの動物種はそれらの間に学習を成立させる。代表例としてパブロフのイヌや，レモンや梅干しを見ただけで口の中がすっぱくなる現象がある。実際にこの文を読んだだけで唾液が出てきた人がいるかもしれない。それはすっぱい顔をしながら書いている筆者と同様，イメージの喚起力が豊かな人である。そのように学習とは，みずからの経験に基づいて過去に経験した出来事（レモンの光景と，その後のすっぱい経験）のイメージを獲得することである。

学習セット　p.99

「学習することの学習」といわれる。具体的にいうと，ルールが共通する学習を何度も繰り返せば，新たな課題に接しても，すぐにできるようになることをいう。たとえば，左右２つの穴のどちらかにエサが隠されており（たとえば，最初は左），左に隠されていることを学習すれば，今度は右に変えられる。このような弁別逆転学習を何度も経験すれば，一度逆転されただけで，すぐに逆転されたほうを選ぶようになる。このときに学習セットが形成されたといわれる。

この学習セットは，哺乳類に比べて魚類などでは形成できない，あるいは困難とされる。さらに，哺乳類，特に霊長類はこの形成が早いとされる。しかし，同じニホンザルでも老齢ザルは，若齢ザルに比べて形成が遅い。このことはおそらくヒトも同じで，使い方は同じなのに高齢者は家電製品などが新しいものになるたびに，いちいち学習しなければならない。

学習方略　p.113　→行動方略

問題を解く時に，どのような方法を行っているか，ということの方法のことを指す。たとえば，「３人がミカンを４つずつもってきた時，全部でいくつあるでしょう」という問題は，３＋３＋３＋３＝12という計算方法でも，３×４＝12という計算方法でも解ける。算数や数学の問題をどのように解いているのかわからないので，採点者は式を書き残させるが，実験者は動物

がどのような方略で弁別課題を解いているかを，反応時間のパターンや間違い方の違いで判断する。

環境　p.29　→刺激

ある生物を取り巻く外界の刺激すべてを指す。「物理的に等しい環境」にいても，それぞれの生物の感覚器がとらえられる範囲によって，「それぞれの生物にとっての環境」は異なる。たとえば，ヒトは紫外線をとらえられないので，モンシロチョウの雌雄を区別できないが，チョウはヒトには見えない紫外線によって羽の色を区別し，自分たちの性別を見分けている。超音波もヒトが聞こえないだけで多くの動物が利用している。また，社会的な認知をする場面では，同種の他個体や他者がその生物にとっての環境となり得る。

記憶　p.123　→エピソード記憶，短期記憶（作業記憶），長期記憶

学習や経験を通して，情報を獲得し，それを保持し，必要に応じてそれを取り出す処理や機能のことをいう。私たちは日常生活において，頻繁に過去の経験を呼び戻し，それらをもとに次にとる行動を決定している。その意味では，記憶は安定した生活を営む上で根幹を担う精神機能であるといえる。近年は，過去の出来事を思い出すという意味での記憶だけではなく，「この時にはこういうことをしなくてはいけない」という，「これからすべきこと」をおぼえている「展望的記憶」や，幼児から高齢者までの幅広い年齢層を対象とした記憶の加齢変化に注目した研究などが数多く行われている。また，記憶障害者を対象とした神経心理学的研究や脳機能画像技術を用いた研究においても，記憶の機構を明らかにする上での重要な事実が示されている。

期待　p.89, 91

予期ともいう。漠然としたものではなく，これから得られるものの具体的なイメージを伴うもののことをいう。期待は，大脳皮質の前頭葉で調整されると考えられている。サルを対象とした実験では，特定のエサが与えられることを期待した際に活動する期待特異的ニューロンが存在することが知られている。

機能単位（モジュール）　p.19

ある一連の情報処理を担う一部の機能単位のことを指す。心理学ではフォーダーが，心のモジュール（機能単位）という考えを提唱したのが有名。ミンスキーの「心の社会」も類似した概念といえる。たとえば「心の理論」なども，人間の心的過程のモジュールのひとつと考えられることがある。

帰無仮説　p.107

もともと統計的検定の際に用いられていた考え方。まず，比較しようとする集団から得られた平均値に「差があるとはいえない」ことを仮定し，平均値の間に著しい偏りがあった時に最初の仮定（帰無仮説）を棄却し，対立仮説（「それらの平均値は均質であるとはいえない」）を受け入れる。本書では，「ヒトを除く脊椎動物の知能に差があるという積極的な証拠を示すことはできない」との考え方のことを指すが，どちらにせよ慎重というか，回りくどい考え方である。

旧皮質　p.103　→古皮質，新皮質，脳，皮質

大脳皮質の一部。大脳皮質とは，哺乳類の大脳の最も外側の細胞の層状構造を指す。大脳皮質には，古皮質，旧皮質，新皮質の３つのタイプがあり，６層構造をつくる明瞭な形態での新皮質は哺乳類にしか見られない。旧皮質は３つの細胞層からなり，羊膜類（爬虫類，鳥類，哺乳類）で見られる。

系統発生　p.63

異なる分類群の動物の起源を指す。たとえば，鳥類と哺乳類の系統発生は爬虫類にたどることができる。また，爬虫類の起源は有尾両生類にたどることができる。このような系統関係は，祖先と子孫の分類群の系統発生的関係を樹形になぞらえた系統発生樹として描かれることが多い。系統発生樹では，共通の祖先は樹幹として表現され，分岐した子孫は枝として表現される。系統樹を描くにあたって，多様な情報源（たとえば，ＤＮＡ配列やタンパク質の構造，形態学的類似性など）が利用される。

系列学習　p.118　→一括処理方略

系列学習とは，いくつかの項目を順に遂行していくことの学習をいう。たとえば，画面に呈示されたいくつかの数字を小さいものから順に選んでいくことや，コインを自動販売機に入れてからボタンを押すなどが例として挙げられる。系列学習は，いくつかの下位モジュールから構成されると考えられる。たとえば，上の数字を選んでいく課題では，①数字の認識，②数字の順序づけ，③行動の計画，④項目（数字）とその場所の記憶，などが含まれると考えられる。反応時間のパターンから，ヒトとチンパンジーは，これらの４つの処理を行ってから行動を遂行しているが，ニホンザルでは，最初の２つ程度の処理を行ってから，あとは逐次モニターしながら遂行していると考えられる。

行動　p.44

骨髄筋運動として現れた生物の反応。ただし，心臓の拍動などの内臓反応を含む非随意的な反応は除く。工学系の領域では「振る舞い」と呼ばれることもある。心理学の研究法のひとつで，研究対象として行動に重きを置く立場を行動主義といい，20 世紀初頭に一世を風靡したが，現在ではかつての意味での行動主義心理学者はまれである。

行動の階層システム　p.44

行動生態学（エソロジー）を創始したティンバーゲンの考え方のひとつで，単に「行動システム」ともいう。動物の行動レパートリーとして，特定の資源（エサなど）を扱うために設計された反応（食物を処理するための採餌行動など）は状況に合わせたもの同士がまとまっており，動物が認識しているその場の状況に合わせて，それに対応したレパートリー群の行動のひとつが次の行動の候補となる。すなわち，動物の行動はランダムに生成されるのではなく，機能的にまとまった一連のシステムと見なす立場。

行動方略　p.113, 119　→学習方略

ある行動を遂行する際に，いくつかの取り得る方法がある場合の行動の違

い。学習方略の違いが行動の違いとして現れる場合もある。

心の理論　p.142　→誤信念課題

「心の理論」とは，プレマックとウッドラフが提唱した概念で，他者の行動に対して心の存在を仮定し，行動の原因をそれに帰属させようとする心の働きを表すもの。プレマックらによれば，自己および他者の目的，意図，知識，ふり，好み，などの内容が理解できるのであれば，その動物（ヒト）は，「心の理論」をもつとされる。これまでの研究から，３歳までの幼児は，他者の誤信念の理解（誤信念課題）によって定義される狭い意味での「心の理論」をもたないが，４歳頃にはそのような能力が獲得されることが示されている。巧妙な非言語的な課題を用いてテストしても，これまでにヒト以外の動物が「心の理論」をもっていることを示した研究はない。

誤信念課題　p.143　→心の理論

ある生物が「心の理論」をもっているかを調べるためのテスト方法のひとつ。たとえば，子どもの前で，次のような紙芝居（劇）を見せる。太郎君が人形で遊んでいたが，やがて人形をおもちゃ箱の中に入れてふたをしてから部屋の外に出て行く。次に，花子さんが部屋に入ってきて，おもちゃ箱の中から人形を取り出し，しばらく遊んだ後に，今度は人形を衣装ダンスの中にしまってから部屋を出て行く。部屋に戻ってきた太郎君は，再び人形で遊ぼうとする。ここで，これまでのやり取りを見ていた子どもに，「さて，太郎君はどこを探すでしょうか」と尋ねる。おもちゃ箱と答えられれば，他者である太郎君の心的状態を自分自身に帰属することができたといえ，他人の心を想像するというテストにパスしたことになる。太郎君は「人形はおもちゃ箱にある」との誤った信念をもっているはずで，そちらを探すはずだということから，「誤信念課題」といわれる。３歳児では，自分が見たことと知っていることの関係の理解が不十分なために，正答するのは難しいとされる(衣装ダンスを指し示してしまう)。

古皮質　p.103　→旧皮質，新皮質，脳，皮質

大脳皮質のひとつ。大脳皮質とは，哺乳類の大脳の，最も外側の細胞の層状構造を指す。古皮質，旧皮質，新皮質の３つのタイプがあり，６層構造をつくる明瞭な形態での新皮質は哺乳類にしか見られない。古皮質は羊膜類(爬虫類，鳥類，哺乳類）すべてに存在しており，海馬体も含まれる。かつてマクリーンは，大脳皮質に３つのタイプがあることを指して，「三位一体説」を唱え，爬虫類の大脳（終脳）の大部分を占める古皮質を指して，「ワニの脳」と呼んだ。

【さ】

サイクリックアデニル酸（cAMP）　p.63
→セカンドメッセンジャー・システム

ニューロンを含む種々の細胞の細胞質中にあるセカンドメッセンジャー・

システムのひとつで，グルカゴンやアドレナリンなどの伝達といった細胞内のシグナル伝達に利用される。その主な作用はタンパク質リン酸化酵素（タンパク質キナーゼ）の活性化で，これはイオンチャンネルを通して，Ca2+の通過を調節することにも使われる。活性化されると，cAMP が生産され，最終的には核内での遺伝子転写を導き，シナプスの膜受容体密度が変化する。cAMP 経路は，連合学習を含む種々の機能に関係していると考えられている。

サカナ型学習とネズミ型学習　p.96

比較心理学の大家であるビターマンが提唱した考え方。さまざまな学習現象を脊椎動物の中で比較分類したところ，学習そのものはいずれの動物でも習得されるが，その遂行のパターンが魚類と哺乳類で異なることから，サカナ型とネズミ型に分類した。魚類は，フラストレーションのような学習性の情動や，注意の機構をもたないと考えられている。

サブサンプション・アーキテクチャ　p.50　→機能単位（モジュール）

マサチューセッツ工科大学のブルックスが提唱したロボットの設計思想。結果的に非常に複雑に見える行動も，単純なサブモジュール（下位機構）を組み合わせていくことで達成できるとの考え方。刺激の入力や状態の変化に対して，サブモジュールが同時複合的に処理を行い，より上位にあるサブモジュールが下位のモジュールを制御することで，まとまりのある行動（振る舞い）が遂行される。

刺激　p.30, 153　→環境

生物が知覚することのできる物理的なエネルギー。物理的に等しい環境に存在する生物であっても，それぞれの生物種がもつ感覚器の受容範囲によって，それが刺激になる場合とならない場合がある。たとえば，紫外線はヒトに感知できないため刺激とならないが，チョウにとっては雌雄を見分ける際の重要な刺激となる。超音波や超低周波音についても同じことがいえる。

自然の階梯　p.97

アリストテレスが発案した考え方で，生物は最も単純なものから，最も複雑なものまで，ひとつの次元で序列化できるとする。ヒトはこの階梯（はしご）の頂点に位置づけられる。いまだにこのような考え方をする人は少なくない。

シナプス　p.59　→神経系（中枢神経系），ニューロン

シナプスとは，ニューロン間に形成される神経活動にかかわる接合部位とその構造をいう。そこではニューロン間の情報伝達が行われる。シナプスはニューロン間で物理的に接触しているのではなく，間隙となっている。情報を伝えるほうのニューロンをシナプス前ニューロン，伝えられるほうの細胞をシナプス後ニューロンという。すなわちニューロン間の情報伝達は，主として（常にではないが）シナプス前ニューロンからシナプス後ニューロンへ一方向性に伝えられる。

シナプスは，機能によって，興奮性シナプス，抑制性シナプス（シナプス

後抑制性とも呼ばれる)，シナプス前抑制性の３つに分けることができる。興奮性シナプスは信号を受け取ると，興奮性シナプス後電位（EPSP）という信号を発生させる。抑制性シナプスは信号を受け取ると，抑制性シナプス後電位（IPSP）という信号を発生させる。シナプス前抑制性は，興奮性シナプスが起こすEPSPを減少させる働きをもつ。

このようなシナプスの活動状態などによって，シナプスの特性が変化するシナプス可塑性は，記憶や学習に重要な役割をもつと考えられている。

自閉症（高機能自閉症） p.52, 142

自閉症とは，社会性や他者とのコミュニケーション能力の発達が遅滞する広汎性発達障害の一種のことをいう。アメリカ精神医学会の精神疾患診断基準（DSM−Ⅳ）によれば，次の３つを主要な特徴としている。①対人的相互交流（対人関係）における質的障害，②言語的および非言語的コミュニケーションの質的な障害，③活動と興味の範囲の著しい限局性（想像力の障害)。ただし，知的障害および言語的な障害を伴わない高機能自閉症と分類されるサブタイプもある。

種（生物種） p.2

種とは，生物分類上の基本単位である。現在，命名済みの種だけで数百万種あり，実際はその数倍から十数倍以上の種が存在すると推定される。一般的な定義によれば，同地域に分布する生物集団が自然条件下で交配し，子孫を残すならば，それは同一の種と見なされる。しかし，同地域に分布しても，遺伝子の交流がなされず，子孫を残さない（生殖的隔離）ならば，異なる種とされる。すなわち，ヒョウとライオンを強制的に交雑させて子（レオポンという雑種）を作ってもレオポンは繁殖力をもたないので，子孫は残されない。

ただし別の考え方もあり，日本に棲むニホンザルと台湾に棲むタイワンザルは交配可能で，雑種同士の孫ができる。このような場合は，地域的に完全に隔離されており，また形態的にも差があるので，別種と見なす。このような考え方は生態学的種の概念とされる。

条件づけ p.31

本来，生物に特定の反応を誘発しなかった刺激が，生物にとって意味のある刺激（エサなど）と一緒に呈示されることで，やがて中性だったその刺激が，それと対にして呈示された刺激が誘発していた反応を喚起するようになる過程。

条件反射 p.30 →反射

パブロフによって発見された，生物がみずからの経験を通じて後天的に獲得する反射のことをいう。

進化 p.2 →分岐

ある生物の種が何世代にもわたって変化を蓄積させた結果，異なる種に分岐，あるいは変化する現象をいう。退化も進化に含まれる。

進化によって生物は多様化し，初期の単純な生命体から現在に見られる複

雑な生き物が生じた。進化論はダーウィンによる仮説からはじまった。現在の自然科学ではこの説を裏づける証拠が，形態学，遺伝学，比較発生学，分子生物学などさまざまな分野から提出されており，実証しづらい現象ではあるが，進化はほぼ確実に起こってきたことであると認められている。人為的に選択交配して，人工進化を生じさせることもある。

親近性効果　p.129

いくつかのおぼえるべき項目のうち，最後におぼえたものほどよく思い出される現象。たとえば，一度に多くの人と名刺を交換しても，たいていすべての人をおぼえることはできない。その中で最後の人のことをよくおぼえているのが，親近性効果である。

神経系（中枢神経系）　p.26　→シナプス，ニューロン

神経系とは，多くの動物に見られる器官系のひとつ。主に神経細胞の働きによって情報の伝達と処理を行う一連の器官のこと。神経系のことを「脳と神経をあわせたもの」という広い意味で，脳神経系などと呼ぶこともある。

脳と脊髄を合わせて中枢神経系という。中枢神経系の組織は神経組織と呼ばれ，実際に情報の伝達を行う細胞体と，その働きをサポートするグリア細胞・シュワン細胞などから構成される。

新皮質　p.97, 103　→旧皮質，古皮質，脳，皮質

大脳皮質の一部。大脳皮質とは大脳の表面に広がる神経細胞の灰白質の層のことで，大脳基底核と呼ばれる白質の周りを覆っている。知覚，随意運動，思考，推理，記憶など，脳の高次機能を司る。新皮質の神経細胞は6層構造を成している。新皮質がはっきりと見られるのは哺乳類だけである。個体発生の初期には古皮質が作られ，後に新皮質が作られる。

心理的知性　p.12　→生物学的知性

本書では，ある生物が生まれてから獲得した個体に固有な知識のことを指す。

推移的推論（推移律）　p.146

A＞BとB＞Cの関係が与えられている時に，AとCの関係をA＞Cと判断する推論のことをいう。発達心理学の大家であったピアジェは，この推論は7歳以降にならなければ解けないとしていたが，実際には4歳くらいで理解できる。また，ヒト以外の動物も推移的推論を示す。

精神因子　p.100

スネルが考案した値で，脳の重さをh，体重をkとすると，どの動物も「$h = pk^{2/3}$」の関係が成立し，この値が動物の「知性の程度」を表していると提唱した。

生物学的知性　p.12　→心理的知性

本書では，ある生物種のメンバーなら誰しもが必要な時に発現できる，反射や走性といった，経験を必要としない行動系のことを指す。

生物的地位（ニッチ）　p.12

ある種の動物が利用する，特定のまとまった範囲の環境。本来は像や装飾

品を飾るために壁面に設けたくぼみのことを指すが，これが転じて，ある生物が適応した特有の生息場所，資源利用パターンのことを指すようになった。

セカンドメッセンジャー・システム　p.63

セカンドメッセンジャーとは，cAMP，cGMP，カルシウムイオンなどの低分子化合物のことを指す。セカンドメッセンジャー・システムとは，それぞれ特異的なタンパク質に結合してその活性を変化させることによってシグナルを伝えるシステムのことをいう。

脊椎動物　p.2　→神経系（中枢神経系），無脊椎動物

動物の分類のひとつで，脊椎をもつ動物のことをいう。魚類，両生類，爬虫類，鳥類，哺乳類といった人間にとってなじみの動物によって構成されているグループである。特徴として，多数の椎骨がつながった脊椎（背骨）と，中枢神経（脳と脊髄）をもっている。それぞれ，脳は頭蓋骨に，脊髄は脊椎に守られている。

潜在制止　p.81

ある刺激が何度も重要な出来事を伴わずに呈示されると，動物はその刺激を無視するようになり，それが後に重要な出来事の信号となっても，その刺激に対する条件づけの成立が遅れる現象を指す。オオカミ少年の例などがこれに相当する。この潜在制止の現象は，哺乳類では観察されるが，魚類では見られない。

潜時　p.122

心理学的な実験で用いられる指標で，求められた反応を行うまでの時間。課題の性質によって生じる潜時の違いは，異なる心的処理を反映していると考えられる。

走性　p.21

走性は生物の生得的な定位刺激（特定の方向からの刺激）への反応で，それにより生物は刺激へ向かったり（正の走性），離れたり（負の走性）する（定位運動）。走性は生物が運動性をもち，刺激へ，あるいはそれから離れるように移動する点で，旋回反応や屈性とは異なる。本書で分類した生物学的知性のひとつ。

想像　p.154

実際には見えない（聞こえない）物事について，おそらくこういうものだろうと頭の中で考えること。推論との違いは，推論は部分的に事実に基づいているのに対し，想像は必ずしも事実に立脚する必要はないことである。

相同（ホモロジー）　p.13

系統発生（進化）において，生物のもつある構造が，共通の祖先から生じた場合，相同であるという。たとえば，コウモリの翼とヒトの腕は，哺乳類の前腕という共通祖先から生じた相同な構造をもっている。

共通祖先をもたない類似性は「成因的相同」と呼ばれ，相同とは区別される。たとえば，昆虫の翅とコウモリの翼は形態的には類似しているが，進化的には異なる由来をもつため相同ではない。これらの相似的な構造は異なる

経路で進化した可能性が高く，その過程を「収斂進化」と呼ぶ。

【た】

多細胞生物　p.27　→単細胞生物

多細胞生物とは，複数の細胞で体が構成されている生物のこと。1つの細胞のみで体が構成されている生物は単細胞生物と呼ばれる。動物界に属するものは，すべて多細胞生物である。

短期記憶（作業記憶）　p.123　→エピソード記憶，記憶，長期記憶

記憶のひとつで，数十秒から数分という短時間保持されるものを指す。一般に，７±２（５から９）の情報しか保持できないとされる。チンパンジーの短期記憶の容量もこの範囲にある。

短期記憶の情報は時間の経過とともに忘却される。これを防ぐためには一般にリハーサルと呼ばれる処理（維持リハーサル）を行う必要がある。また，短期記憶から長期記憶に記憶が転送されると長期間保持されるが，そのためには精緻化リハーサルを行う必要があるとされる。

作業記憶（作動記憶）というときには，短期的な情報の保存だけでなく，より認知的な情報処理（情報の加工や積極的な処理）も含めた概念を含んでいる。

短期記憶はコンピュータのメモリ，長期記憶はハードディスクにたとえられることが多い。

単細胞生物　p.27　→多細胞生物

単細胞生物は１つの細胞が１個体であり，細胞分裂がそのまま個体の増加につながるのに対し，多細胞生物の多くは有性生殖によって，生殖細胞のみが次世代に引き継がれる。個体の増殖速度は単細胞生物のほうが早く，短時間での繁殖には有利だが，多細胞生物は細胞を専門化させ複雑な機能を獲得することにより生存を有利にする戦略をとってきた。

知性　p.11　→知能

動物を対象にした場合の知能のことを本書では知性と呼ぶ。

知能　p.11　→知性

知能とは，ヒトや動物の脳において，情報を処理し，情報を貯蔵・再生し，処理結果を適切に出力すること，またこれらの過程を活性化することを指す。一般に，この過程をより適応的に，効率よく，かつすばやく行う場合に知能が高いといわれる。

チャンク化　p.134

いくつかの情報を１つのまとまりにする人間の行う情報処理のことを指す。たとえば，「79411921868」という長い数字をおぼえるのは難しい。しかし，794年（鳴くよウグイス平安京），1192年（いい国つくろう鎌倉幕府），1868年（ひとつやろうや明治政府）という３つの意味ある単位にまとめれば簡単におぼえられる。このような情報の統合過程を「チャンク」という。これは

記憶に限らず，文字の羅列を単語に，単語を文にして理解する言語能力や，他者の心の理解などの高次認知とも関係していると考えられる。

注意　p.79　→潜在制止

意識（ヒトの場合）や情報処理の対象を焦点化する認知過程を指す。注意は，少なくとも，焦点化（ある刺激を探し出す），維持（ある刺激に注目し続ける），転換（別の刺激に焦点化の対象を変える）の３つの機能単位に分類できる。定位反射のように刺激の発信源に注目するという意味では魚類も注意をもっているが，それを潜在制止や他の学習の過程に反映することはできない。

長期記憶　p.70　→エピソード記憶，記憶，短期記憶

長期間保持される記憶のことを指す。忘却しない限り保持されるが，必要に応じて検索できない（思い出せない）こともある。

長期記憶の忘却の原因については，減衰説と干渉説がある。減衰説とは，時間の経過とともに記憶が失われていくという説である。干渉説とは，ある記憶が他の記憶と干渉を起こすことによって記憶が失われていくという説である。

長期記憶は，陳述記憶と非陳述記憶の２つに分類される。陳述記憶とは，言葉で表現できる記憶で，宣言的記憶とも呼ばれる。陳述記憶にはエピソード記憶や意味記憶などが含まれる。非陳述記憶とは，言葉で表現できない記憶で，手続き記憶（自転車の乗り方など）が含まれる。

定位反射　p.79　→反射

ある刺激の発信源に対し，体の向きや感覚器の位置を調整し，注意を向ける反射のことを指す。部屋などで突然大きな物音がすれば無意識にそちらを見るが，そのような反射がこれに相当する。

手がかり　p.32, 79

弁別学習などで問題を解決する際に利用される刺激のことを指す。

適応　p.2

生物学・生態学に限定すれば，適応しているとは，生物種がある環境のもとで生殖や生存のために有利な形質をもっていることをいう。これは進化によって環境に合わせた形質を獲得した結果であるとされる。能動的な表現であるが，動物が主体的に行うのではなく，あくまで結果として考えた場合のことを指す。

転移　p.112

ある弁別学習を解くルールが，ルールの共通する別の弁別学習で用いられることを指す。

【な】

馴れ　p.80　→定位反射

「馴化」ともいう。ある刺激に対して，反応が次第に減少する過程を指す。

たとえば，突然大きな物音がすれば定位反射が生じるが，何度もそれが繰り返されれば，その音に対して反応しなくなる。このような過程を馴れ（慣れ）という。

ニューロン　p.58　→シナプス，神経系

神経細胞の別名。ニューロンは，神経系を構成する細胞で情報処理に特化した機能をもっている。動物にしかない。

神経細胞の基本的な機能は，ある神経細胞が情報を受け取った場合に，活動電位を発生させ，他の細胞に情報を伝達することである。1つの神経細胞に複数の細胞から入力を受けたり，活動電位が生じる閾値を変化させることで，情報の修飾が行われる。

神経細胞は主に，核のある細胞体，他の細胞からの入力を受ける樹状突起，他の細胞に出力する軸索，の3つに分けられる。ある神経細胞の樹状突起が別の細胞の軸索に接合する部分をシナプスと呼ぶ。

認知　p.2

心理学，脳科学，認知科学，情報科学などでいう認知とは，人間や動物が外界にある対象を知覚した上で，それが何であるかを判断したり解釈したりする過程のことである。情報の入力過程を知覚というなら，それに何らかの処理（判断など）が加えられたものを指す。

脳の損傷などによって認知が障害されることがある。たとえば，見えたり聞こえたりすることはできてもそれが何であるか理解できない症状を失認という。例として，見たものが認知できない視覚失認のほか，知っている人の顔がわからない相貌失認などがある。

脳　p.26, 100　→神経系（中枢神経系），皮質

脳とは，頭部にあるニューロンの集まった部分を指す。脊椎動物では，脊髄とあわせて中枢神経系を構成している。哺乳類の脳は，大脳（終脳），間脳，中脳，橋，小脳，延髄から構成される。中枢神経系の細胞は複雑に接続しあって情報を伝達・処理しており，脳は意識・感情・生命維持の中枢とされる。昆虫など，無脊椎動物の頭部の巨大神経節も脳と呼ばれる。

脳化指数　p.102　→精神因子

ジェリソンが考案した，脊椎動物の体の大きさに対する脳の大きさの値。脊椎動物の脳の大きさはその動物種の体の大きさや代謝率と密接に関連している。より基本的な指標として，精神因子がある。

【は】

反射　p.17

もともとデカルトによって提唱された概念。デカルトによれば，「与えられた刺激と器官の活動との因果的な結びつき」が反射である。生理学的には，感覚受容器→感覚神経→中枢神経→運動神経→効果器という経路（反射弓）を通って生じる生物の運動の一種とされる。

皮質　p.81, 96　→旧皮質，古皮質，新皮質，脳

大脳や小脳の表面を薄く覆うように存在する灰白質のことをいう。この皮質では，（哺乳類の場合）神経細胞体が層構造を成して並んでいる。

表象　p.143

哲学や心理学で，知覚に基づいて心に思い浮かべる外界の対象の像のことで，視覚的なものを指してイメージという場合もある。

符号化　p.91, 121

記憶のいくつかの過程における記銘のこと，つまり情報をおぼえる処理のことをいう。工学や情報科学では，情報を別の目的に応じた符号に変換する場合にも符号化と呼ぶことがある。

分岐　p.5　→進化

進化の結果，別の種に分かれてしまったことをいう。

捕食　p.32, 58, 79

ある動物が別種の動物を捕らえて食べること。

【ま】

マジカルナンバー７　p.123　→短期記憶（作業記憶）

短期記憶の容量のことを指す。人間が一度に（短期記憶で）おぼえられる容量が，文化やおぼえる項目の性質（文字や数字）を超えて，７±２であることから，マジカルナンバー７といわれる。そのため，郵便番号などが7けたである。チンパンジーの容量もこの範囲に入る。

無脊椎動物　p.18　→脊椎動物

無脊椎動物とは，ラマルクの命名による，脊椎動物以外の動物のことを指す。すなわち背骨，あるいは脊椎をもたない動物をまとめて指すもので，分類群の総称としては範囲が広すぎるが，魚類，両生類，爬虫類，鳥類，哺乳類以外の動物をまとめて呼ぶ時に使われる。ホヤ，エビ，昆虫，貝類，イカ，センチュウ（線虫）その他諸々の動物が含まれる。

問題解決　p.10

外的・内的な問題を把握し，試行錯誤したり，関連する記憶を再生したりしながら解決方法を見つけること。

【や】

幼児期健忘　p.70

個人差はあるが，私たちは通常３歳以下の出来事を思い出せない。これを幼児期健忘という。このことの説明としてさまざまなものがあるが，乳幼児期には長期記憶への書き込みに重要な海馬が十分に発達していないために長期記憶が形成できないとする説がある。一方，「記銘の失敗」でなく，「検索の失敗」とする考えもある。つまり，幼児期健忘が生じる原因は，幼

児期の神経ネットワークが，後に発達したネットワークに飲み込まれてしまって，成人になってからうまく検索できない（思い出せない）とする説である。現在も論争中だが，個人的には後者を支持している。

余剰皮質ニューロン　p.104　→精神因子

ジェリソンが提唱した考えで，脳化指数に関連する指数。哺乳類の皮質のニューロンの総数が身体の大きさによって必要とされるよりも多いことを示す指数。概念的には，身体に関する（つまり，感覚と運動に必要とされる）以外の情報を処理できる皮質のニューロンといえる。ジェリソンによれば，余剰皮質ニューロン指数は，動物種の群れのサイズや行動圏と相関している。